MANUEL

DE

L'INGÉNIEUR-FORESTIER.

CET OUVRAGE SE TROUVE :

Chez l'AUTEUR, à Pont-Lieue, par et près le Mans,

et

Chez MONNOYER, Imprimeur-Libraire, rue Saint-Dominique, n.º 1.ᵉʳ, au Mans,

Où MM. les LIBRAIRES de Paris et des départemens pourront se le procurer.

Prix 4 fr. 50 c.

—————

MANUEL

DE

L'INGÉNIEUR-FORESTIER,

AVEC L'INDICATION DES MESURES A PRENDRE POUR ASSURER A JAMAIS L'APPROVISIONNEMENT DU PAYS, EN BOIS DE CONSTRUCTION, DE MARINE ET DE CHAUFFAGE.

Par M. Plinguet,

Ancien élève à l'École Royale des Ponts et Chaussées ; Officier des Eaux et Forêts, en la ci-devant maîtrise de Beaugency ; Ingénieur des Princes Louis-Philippe, et Louis-Philippe-Joseph Ducs d'Orléans, père et grand-père de Sa Majesté Louis-Philippe.

2.e ÉDITION AUGMENTÉE D'UN APPENDICE SUR LES RUINEUSES CONSÉQUENCES DE L'ALIÉNATION DES BOIS DE L'ÉTAT, ET D'UN AVIS DE L'AUTEUR SUR CETTE SECONDE ÉDITION.

Amicus Plato, sed magis amica veritas.

AU MANS,

DE L'IMPRIMERIE DE MONNOYER, IMPRIMEUR DU ROI.

OCTOBRE 1831.

AU ROI.

SIRE,

En publiant le *Manuel de l'Ingénieur-Forestier* sous les auspices de tous les corps savants du royaume, j'ai eu pour objet d'appeler l'attention des HOMMES DE LUMIÈRE, et, par contre-coup, celle du GOUVERNEMENT sur l'état humiliant de la *foresterie de France*, si fort en arrière de la *foresterie d'outre-Rhin*, sous le rapport de la *Méthode*, de l'*esprit d'ensemble*, et du génie de la *science* proprement dite.

Déjà, SIRE, l'administration des forêts de VOTRE MAJESTÉ a jugé cet ouvrage *digne d'être utilement consulté*. — Selon M. *le directeur de l'école de Nancy, il traite de matières d'un intérêt si majeur qu'il doit valoir à son auteur la reconnaissance publique.* — D'après le *Courrier de la Sarthe, il y a*, dans le Manuel de l'Ingénieur-forestier, *plus qu'un bon livre, il y a une bonne action*. Mais, SIRE, de si bienveillants suffrages, tant qu'ils seront isolés entre eux, ne produiront jamais, dans le service forestier, les améliorations qu'il est indispensable d'y introduire. Ces améliorations devant lesquelles on recule depuis si long-temps; ces améliorations que l'on n'ose pas aborder, semblerait-il, ne peuvent évidemment ressortir que d'une *prise en considération* de la part du GOUVERNEMENT DE VOTRE MAJESTÉ.

L'académie royale des sciences ; la société royale et centrale d'agriculture ; **MM.** *les directeurs de l'école polytechnique, de l'école des ponts et chaussées, et de l'école de Nancy,* ainsi que beaucoup d'autres notabilités savantes, à qui j'ai successivement soumis l'ouvrage dont je publie la seconde édition, sont en mesure de donner un avis motivé sur le but philantropique de cet ouvrage, et de s'expliquer avec le POUVOIR sur les moyens de perfectionnement qui y sont indiqués. Mais, ces *notabilités savantes,* malgré leur compétence avouée, peuvent-elles prendre l'initiative sur une matière aussi délicate, *si elles ne sont invitées à le faire ?* Daignerez-vous, SIRE, *vouloir* et *faire* qu'elles y soient invitées ? Un sujet fidèle et dévoué oserait-il affirmer à VOTRE MAJESTÉ que la prospérité publique et le bien-être des populations y gagneraient infiniment ? Oserait-il ajouter qu'il y va d'un grave et bien pressant intérêt ; d'un intérêt ÉMINEMMENT NATIONAL, et qui réclame, de toute la sanction des faits et de l'expérience, la haute sollicitude du POUVOIR ?

La notice placée à la fin de cette nouvelle édition témoigne combien les nobles encouragemens du feu prince *Louis-Philippe-Joseph* ont puissamment secondé la fructueuse application de mes procédés de restauration à vos forêts de *Montargis* et d'*Orléans.* Ce que LE PRINCE *à qui vous devez le jour* a fait en faveur de son apanage, daignerez-vous, SIRE, le faire en faveur d'une nation grande et généreuse qui vous a fait asseoir sur le premier trône de l'Europe ? Accepterez-vous le beau titre de RESTAURATEUR DES FORÈTS d'un royaume à la fois vaste, riche et puissant, mais dont la disette de bois pourrait

bientôt, peut-être, compromettre la gloire et la sécurité ? VOTRE MAJESTÉ daignera-t-elle ordonner
que cette seconde édition, plus complète, et mieux
mûrie que la première, devienne *l'objet d'un rapport à*
soumettre à VOS ROYALES MÉDITATIONS *par son ministre*
secrétaire d'état au département de l'Intérieur ?.

Je suis avec le plus profond respect,

DE VOTRE MAJESTÉ,

SIRE,

Le très-humble, très-obéissant
et très-fidèle serviteur,

PLINGUET.

AVIS DE L'AUTEUR,

SUR CETTE SECONDE EDITION.

L'OUVRAGE que nous reproduisons plus complet, et mieux développé qu'il ne l'était d'abord, est, à proprement dire, le RÉSUMÉ *de l'histoire*, et de l'état de la science forestière, en France, avant et depuis la révolution de juillet 1830. Par des faits curieux, et par des calculs de rapprochement, il intéresse à la fois tous les agents forestiers et tous les contribuables. De hautes considérations d'ordre public le recommandent à la sérieuse attention *du* POUVOIR.

Depuis que les BUFFON, les DUHAMEL-DUMONCEAU, et tant d'autres ingénieux observateurs de la végétation ligneuse nous ont légués leurs savants ouvrages, les connaissances de théorie forestière ne sont pas ce qui manque en France. Mais jusqu'ici, que nous sachions, on n'avait pas encore conçu l'idée de co-ordonner les préceptes épars dans tant et de si bons livres ; de les combiner, de les amalgamer avec des *faits de pratique* réguliè-rement constatés , et d'ailleurs suffisamment nombreux , afin d'en composer un VADE MECUM, une sorte de *cours élémentaire de la science des bois.* Peut-être le *Manuel de l'Ingénieur-forestier* atteindra-t-il ce but, en partie , du moins , en attendant qu'il plaise au gouvernement de faire un appel aux corps savants , et de répandre sur cette branche de service , une masse de lumières bien autre-ment transcendantes que celles dont nous lui offrons ici l'humble et faible tribut.

C'est pour que l'on puisse entrer, sans per-turbations, dans la voie des perfectionnemens; c'est pour que des perfectionnemens devien-nent enfin possibles et efficaces, que, dans cette seconde édition, nous exposons l'op-portunité qu'il y aurait à distraire LES FORÊTS DE L'ÉTAT du *département des finances,* pour en confier le dépôt à *celui de l'intérieur.*

En terminant ce volume par une *notice* sur notre carrière forestale , et sur quelques succès que beaucoup de zèle et d'application nous y ont fait obtenir, nous voulons prouver que l'*homme*, dans l'état d'isolement, et abandonné à sa propre faiblesse, *ne peut rien en faveur de l'utilité générale*. Et en effet, la flatteuse bienveillance avec laquelle beaucoup de hautes notabilités ont accueilli le mode et le résultat de nos travaux ; la bonification annuelle et permanente de 173,000 francs qu'ils ont introduite dans le revenu forestier de l'*apanage d'Orléans* ; l'opinion prononcée dans beaucoup de lettres obligeantes qui nous ont été écrites, à ce sujet ; RIEN DE TOUT CELA n'a pu faire que nos procédés d'aménagement ayent encore été mis en pratique. *La routine est audacieuse, tenace et persistante de sa nature.* Le célèbre MONGE le sentait profondément quand il eut l'idée féconde de créer *l'école polytechnique* comme école préparatoire pour *toutes les écoles* DE SERVICE PUBLIC. Il n'en est pas un seul, *le service forestier comme tous les autres*, auquel les connaissances et l'habitude d'un travail difficile, acquises dans l'école polytechnique, ne puissent être d'un immense profit. C'est donc pour obtenir une réorganisation forestière qui réponde aux besoins de notre époque, et à l'état actuel de la civilisation, que nous sollicitons le noble appui de toutes les sociétés agricoles, et de

tous les corps savants du royaume. Sans leur
généreux concours nos efforts seront stériles,
et LA FRANCE PÉRIRA FAUTE DE BOIS, comme
l'a prévu *Trudaine*, et comme l'a dit *Buffon :*
c'est chose inévitable.

Nous avons simplifié le titre de l'ouvrage,
et nous avons mieux précisé que nous ne l'a-
vions fait, d'abord, notre pensée, sur les
proportions et sur les sources de l'enseignement. Ces corrections nous ont été conseillées
par une critique pleine d'apropos, de justesse
et de convenance dont nous prions MM. les
rédacteurs du *Courrier de la Sarthe* de vouloir
bien agréer nos remercimens empressés.

TABLE

ANALYTIQUE DES MATIÈRES.

LE nouveau Code Forestier a cela de commun avec l'ordonnance de 1669 qu'il ne peut que régler la discipline, réprimer les délits, et régir la chose dans sa partie matérielle seulement. Mais sous le rapport moral du *savoir*, de *l'instruction positive*, et de *l'Idonéïté*, la matière est encore toute neuve; elle est à peine ébauchée par l'ordonnance royale du 26 août 1824, créatrice d'une *Ecole spéciale Forestière*. Mais une ordonnance est révocable de sa nature, il serait donc opportun qu'une loi vint stabiliser l'établissement que nous devons au *ministère Villèle*, et le protéger contre les tentatives ultérieures de *l'obscurantisme*. Depuis long-temps, pour la première fois, nous avons senti combien une *institution forestière* était indispensable à la France; nous en avons donc provoqué la création par trois éditions successives de notre *Examen analytique des causes du dépérissement des bois*. Dans cet *éveil* qui parut, pour la première fois en 1806, nous avons démontré, par des *faits avoués*, par des *dé-*

clarations officielles, par des *procès-verbaux authentiques*, 1.° que les forêts du royaume subissent annuellement une dépopulation foncière de 13,223 hectares; 2.° qu'il en résulte un déficit annuel de 6,545,385 francs dans les revenus de l'État.

En fait de bois, et surtout en fait de bois de construction, quand on commence à sentir la disette, elle devient bientôt chagrinante. Il faut cent ans pour obtenir *une poutre*, et quelquefois plus! Jamais, pourtant, la consommation n'en fut aussi grande que de nos jours. Jamais on ne vit s'élever de toutes parts autant de bâtisses qu'on le voit aujourd'hui. Cette sorte de luxe et de spéculation comporte des exigences auxquelles nos forêts ne pourront bientôt plus répondre. Par un ordre inverse de ce mouvement général et rapide de la civilisation, la restauration des bois ne s'opère qu'avec langueur, et de mauvaise grâce, parce que ceux qui s'en occupent sont rarement destinés à jouir du fruit de leur travail. Cette indispensable et précieuse production ne se renouvelle que par degrés presqu'insensibles : on n'y voit point de ces prompts changemens de scêne qui animent l'intérêt en stimulant la curiosité. Aussi cette partie de l'économie rurale sur laquelle on a isolément écrit tant de belles et bonnes choses, est-elle, sous le rapport de la pratique, et de *l'ensemble*, restée fort en arrière de toutes les autres. C'est-elle qui a eu le moins de part aux merveilleux développemens des sciences physiques et mathématiques. Il faut en accuser les vices, et la molesse de son ancienne, comme de sa nouvelle organisation. Lorsque *Trudaine*, au commencement du règne de Louis XV, fonda l'école des Ponts et Chaussées, son grand objet, la substance de sa pensée, fut de créer des talents, parce que les talents greffés sur les sciences exactes et positives peuvent tout et conduisent à tout. Ils donnent à l'homme la conscience de sa dignité; ils lui enseignent à regarder face à face les choses de la vie. Dans l'invasion de 1815, comme dans la révolution de juillet 1830, ils ont inspiré les éléves de nos écoles. *Trudaine*, en créant celle des Ponts et Chaussées, a mis sur la voie de fonder plus tard L'ÉCOLE POLYTECHNIQUE, cette école, l'étonnement et l'envie des puissances européennes;

cette école à jamais célèbre, reconnue pour la plus scientifique du monde civilisé, à cause du choix de ses professeurs, et de leur grande supériorité dans l'enseignement.

La foresterie qui, chez nous, chancelle entre son ancien et son nouveau régime, ne se trouve réellement ni dans l'un ni dans l'autre, du moins en tant que *puissance aménageante et reparatrice*. Comment n'en serait-il pas ainsi, puisque son organisation, puisque sa constitution la condamne à cette impuissance, à cette stérilité de moyens? Il y a bien entr'elle et les Ponts et Chaussées parité de *vouloir* et de *locomobilité ;* mais les Ponts et Chaussées ont pour point d'appui la régle et le compas, l'analyse et la démonstration, tandis que, dans notre foresterie, tout est versatile comme l'occasion. Mais, après tout, on est excusable d'ignorer ce qu'on n'a jamais été tenu d'apprendre; *ne nos pudeat nescire quod nesciamus*, a dit *Cicéron*. La foresterie de notre époque est aux Ponts et Chaussées ce qu'une fourmillière est à une ruche d'abeilles. De part et d'autre il y a mouvement, travail, activité, voilà pour la surface ; mais à *l'intrinsèque* quelle différence de combinaisons ! Ici tout est ordre, précision, calcul, harmonie. Là, nul système d'ensemble, nuls élémens de certitude et de conviction ne se font apercevoir. Au reste, nous n'entendons parler ici que des choses, mais *nullement des hommes* que nous honorons, et que nous estimons infiniment, soit à cause de leur caractère personnel, soit à cause de leur position sociale.

La *science d'observation*, *l'esprit de recherche* et *d'investigation* qui sont la caractéristique transcendentale de notre époque (*) n'ont pu s'introduire dans notre régime forestier, par la raison toute simple qu'OBSERVER *est une science à part*, et parce que cette science à part présuppose une éducation préparatoire et *obligée* qui n'a été ni prescrite ni

(*) C'est aux méthodiques essais, dont *Chaptal* a fait pendant si long-temps ses délices, qu'on doit de savoir que 5o,ooo hectares consacrés à la culture de la betterave suffisent pour produire tout le sucre nécessaire à la consommation du pays : que les résidus et les feuilles peuvent nourrir un million de bêtes à cornes, et fournir l'engrais que l'on retirerait de 6o,ooo bœufs : que cette fabrication donnerait du travail à 3o,ooo individus : qu'enfin la vente du sucre fabriqué serait de 45,ooo,ooo, et celle de l'engrais, de 6,ooo,ooo de francs.

imposée à nos agens forestiers, en exercice.
Si quelques-uns parmi eux font exception à la
règle générale, (et nous en connaissons plusieurs qui sont dans ce cas,) ils le doivent
soit à des études purement facultatives, et
discrétionnaires, soit aux circonstances acci-
dentelles où ils ont pu se trouver antérieurement, mais on peut dire de ceux-ci, par
rapport à la masse, *apparent rari.*

Il n'y a, à proprement parler, qu'un livre,
a dit *Condillac,* c'est celui de la nature, mais
il faut savoir le consulter. Dans l'immense,
dans l'admirable ensemble de la création,
tout semble être *rapport, emblême,* et *cor-
respondance.* Dans le règne végétal, comme
dans le règne animal, les diverses familles
revêtent une forme, une structure dont le
mécanisme organique a pour objet de perpétuer les espèces, et de les différencier entre-
elles. Les individus du règne végétal, comme
ceux du règne animal, reconnaissent et subissent l'influence des zônes, des températures,
et de l'alimentation. Comme tout le reste, les
bois sont soumis à cette loi générale. Pourquoi donc, dès lors, la science forestière ne

deviendrait-elle pas, enfin, une science positive comme tant d'autres le sont, l'anatomie,
par exemple ? dans celle-ci , les praticiens
considèrent les os , les cartilages , les liga-
mens , les muscles , les vaisseaux , les nerfs ,
les ganglions , les follicules , les glandes , les
membranes , les viscères; les tissus celluleux,
musculeux et nerveux des anatomistes modernes : ils sont partagés sur la fibre albuginée
de *Chaussier* ; sur les sept tissus générateurs
et sur les quatorze tissus composés de *Bichat* :
Ils admettent les appareils ; le rapport des
solides et des liquides , etc. , etc. , etc. Par
quelle fatalité donc , les préposés moralement
responsables de la vie de nos bois sont-ils ,
depuis si long-temps, dispensés de savoir que
la passive existence des végétaux , parmi lesquels les arbres occupent le premier rang ,
reconnaît pour régulateurs les lois physiques,
et les affinités chimiques ; que, dans le règne
végétal , il semble n'exister d'autre élément
organique que le cellulaire : que, néanmoins ,
quelques physiologistes considèrent la moelle
centrale des végétaux comme l'analogue du
système nerveux des animaux : que, d'après
des recherches assez récentes , *Dutrochet* ,

assure avoir trouvé, dans plusieurs plantes, des ganglions nerveux, et des fibres musculaires ; que l'oxigène, l'hydrogène et le carbone sont les élémens chimiques des végétaux, etc., etc., etc ? Il est triste de le dire, la science forestière, considérée dans sa partie spéculative et positive, est la plus incomplette des sciences de cet ordre. Et, en effet, avant la création de *l'École de Nancy*, aucune loi, aucuns réglémens n'avaient imposé aux agens forestiers la condition des études spéciales sur lesquelles elle s'appuye. On n'a pu apprendre ce qu'on en sait que par des comparaisons, que par des essais répétés dans beaucoup de lieux, et dans beaucoup de terrains différens. Or, on conçoit que, dans ces recherches si lentes de leur nature, le temps, la persévérance ou les moyens, ont dû manquer au plus grand nombre : c'est ainsi que l'on n'a pour guides que des instructions traditionnelles.

De ces traditions ultérieurement soumises aux lois de la théorie, nous avons fait un corps de doctrines expérimentales que nous croyons devoir publier, en prenant acte de ce qu'étaient les forêts du pays sous Louis XIV ; de l'état où elles sont en 1831 ; et de l'état de plus en plus grave vers lequel elles se précipitent, sous les yeux et dans la main de leurs administrateurs officiels qui voudraient faire mieux, sans doute, mais qui ne le peuvent, ou plutôt *ne le savent pas*. Le mal est plus grand qu'on ne semble le croire, et nous ne saurions, sur cela, nous condamner au silence étouffant d'un homme qui n'ose tout dire. *Amicus Plato, sed magis amica veritas.*

Dans ce nouvel ouvrage, nous envisageons et nous présentons l'aménagement des bois sous un aspect tout-à-fait neuf. La théorie que nous allons exposer est justifiée par des faits patents et péremptoires. Nous en avons fait l'application tant à la *forêt de Montargis,* qu'à celle du *Chaumontois,* l'une des sous-divisions de la forêt d'Orléans. Voici quels furent les résultats de cette double application.

Antérieurement à l'ouverture de nos travaux, le revenu de la *forêt de Montargis* n'avait été que de 85,000 francs, année commune , ainsi que l'a constaté le relevé des adjudications annuelles pendant les précédentes révolutions de ses coupes. Par l'application de notre méthode de restauration, ce revenu fut porté au-delà de 180,000 francs ; il s'y est constamment soutenu. Outre cette amélioration régulière et de permanence , nous avons fait sortir de la même forêt pour 436,679 fr. de coupes extraordinaires qui, dans un intervalle de quatre ans, furent exploitées pour l'allégement du sol épuisé de longue main.

En ce qui touche la *forêt d'Orléans* , nous démontrâmes l'urgence de venir au secours de sa vitalité, en la rajeunissant, et d'accroître, par là, son revenu d'une somme annuelle de 244,749 fr. Nos prévisions furent largement réalisées dans la Garderie dite *le Chaumontois*. Nous élevâmes le produit annuel de cette surface boisée de 41,061 francs, qu'il était année commune , à la somme permanente de 127,822 francs. Le fait des améliorations que nous venons d'articuler est notoire , il est authentique, il est officiel : il a été publié dans divers ouvrages , à partir de

1789 , sans avoir jamais été contesté par qui
que ce soit (*).

Nous devons faire observer ici , comme
une considération importante à établir, que
les accroissemens de revenu qui viennent
d'être articulés *en fait* sont en déhors du
renchérissement de la denrée , et qu'ils ne
reconnaissent point pour cause occasionelle
ce renchérissement progressif. Dans les forêts
dont nous venons de parler, les bois étaient
exploités beaucoup trop vieux, ainsi que nous
l'exposerons dans le cours de cet ouvrage.
Quand on en faisait l'adjudication , ils étaient
dépérissans sur pied depuis plus ou moins
long-temps. Par le mode d'usance selon lequel
on procédait alors , il y avait à perdre un

(*) M.r Pitoin, intendant des finances de l'aïeul du Roi Louis-
Philippe I.er , voulut bien nous en témoigner sa satisfaction dans
les termes les plus obligeans. « *Voilà une bonne besogne de faite ,*
» *nous écrivait-il , en novembre 1784 , et puisque tout le monde*
» *applaudit à votre ouvrage , vous devez être content de vous.*
» *J'étais d'avance aussi sûr de vos succès que de votre zèle. Vous*
» *avez été jugé par les maitres de l'art, et sur le lieu , cela est bien*
» *flatteur pour vous. Je connais tout votre mérite , toute votre*
» *intelligence et toute votre activité. Je suis très-flatté que vos*
» *talents soient consacrés à notre maitre. Sa postérité en recueillera*
» *le fruit : Il est juste que vous recueilliez aussi le fruit de vos*
» *soins et de vos travaux : je leur rends la justice qui leur est due.* »

plus ou moins grand nombre de feuilles qui étaient en déficit pour le revenu, et qui entraînaient le double inconvénient d'épuiser le terrain et de stériliser les souches. Or, pour passer de cette fausse mesure d'âge à un meilleur état de choses, nous avons consulté la nature, nous l'avons interrogée, et nous avons su lui obéir. La bonification que nous venons de signaler n'a donc été que l'effet consécutif d'une plus grande quantité de marchandises à livrer annuellement au commerce ; mais nous n'avons visé qu'au soulagement des fonds ; nous n'avons eu d'autre point de mire que la précieuse et sainte conservation de l'espèce. Il ne faut pas croire, au surplus, que rajeunir artistement et méthodiquement une étendue de bois donnée soit chose si facile qu'on pourrait le penser de prime-abord. On verra, plus loin, que les procédés par lesquels on peut atteindre ce but avec succès exigent une éducation préliminaire, ainsi que des connaissances acquises toutes spéciales. On verra que les emplois forestiers n'ont pas encore été bien définis ; que leur importance est grande, et qu'ils ne peuvent être confiés à des mains inhabiles sans qu'il y ait conspiration indirecte contre le pays, sous le rapport de ses approvision-nemens en bois (*).

On a beaucoup fait, et avec raison, pour l'encouragement des prairies-artificielles, mais les forêts n'ont pas moins d'importance, a dit le Ministre de l'Intérieur, dans une circulaire que nous rapporterons ci-après. Si la vérité avouée par le Ministre était aussi bien sentie

(*) C'est à l'école des Ponts et Chaussées , sous MM. *Perronnet, de Chézy et Le Sage*, que nous avons puisé notre instruction. Après y avoir terminé nos cours, nous fûmes pourvu de l'office de *Capitaine Forestier* près la maîtrise de Beaugency qui relevait de la *maison d'Orléans*, à titre d'apanage. — Par goût et par in-clination native, nous fîmes une étude toute particulière du sol et de la nature des bois soumis à notre surveillance. Nous en adres-sâmes, au conseil du prince , le plan , ainsi que des projets d'a-mélioration, sous une forme qui parut neuve, et qui piqua la curiosité de ce conseil. Nos projets furent admis : l'exécution nous en fut confiée par le chevalier de Bélisle, alors chancelier de la maison. Les résultats furent en parfaite concordance avec nos ap-perçus, tellement que , peu de temps après, nous fûmes appelé à la refonte des bois et forêts de cette maison. — Nous ne saurions dire combien de fois, durant notre exercice, sous les princes *Louis-Philippe* et *Louis-Philippe-Joseph*, nous avons eu lieu de reconnaître que sans l'instruction constitutive de *l'Ingénieur* , il est radicalement impossible d'être *Forestier* dans l'acception pro-pre de la chose. Sans le secours de cette instruction , nous fus-sions resté fort au-dessous des simples devoirs imposés par la charge que nous avions achetée.

qu'il faudrait qu'elle le fut ; si le gouvernement voyait la chose sous son véritable point
de vue ; s'il connaissait toute la profondeur
de la plaie, il faut regarder comme certain
qu'il affecterait des primes d'encouragement
à la plantation des bois, et qu'au lieu de
gréver de contributions un objet encore sans
profit pour le propriétaire, il piquerait l'é-
mulation des planteurs en affranchissant de
l'impôt, pour un temps donné, tous les semis
qui auraient une étendue déterminée.

C'est, sans doute, un pas immense fait vers
le bien que la création d'une école spéciale
forestière, mais cette école, quelle qu'extension qu'on lui donne par des succursales, ne
produira que des fruits bien lents, et bien
précaires, eu égard au pressant état des choses. Nous dirons, en nous résumant, comment il serait possible et glorieux pour un
gouvernement ami des idées généreuses, de
prendre une grande mesure pour obvier aux
inconvéniens de cette lenteur.

Puisse ce nouvel ouvrage dissiper les épais-
ses ténèbres qui enveloppent notre situation

forestière. Puisse, enfin, l'autorité du calcul,
de la raison, et de l'évidence prévaloir sur
l'aveugle routine qui désole nos forêts, et qui
les décime sans miséricorde. Tout sentiment
d'égoïsme doit s'anéantir devant un intérêt
commun qui sollicite de promptes et efficaces
mesures. Nous ne saurions donc trop vivement invoquer au soutien de nos vœux personnels le généreux appui des sociétés savantes, et de tout ce qu'il y a, dans le royaume,
d'hommes éclairés amis de notre prospérité
financière. C'est surtout quand il s'agit d'assurer au pays ses approvisionnemens en bois
qu'une association de communs efforts doit
être accueillie par le gouvernement d'un ROI
CITOYEN.

Au surplus, nous écrivons sous l'influence
inoffensive d'une conviction profonde, et
nous accueillerons avec autant d'empressement que de reconnaissance les observations
d'une critique judicieuse et désintéressée.

SIGNIFICATION DE QUELQUES MOTS TECHNIQUES EMPLOYÉS DANS LE TEXTE.

Affouage : exprime l'usage et le privilége de couper du bois dans une forêt, pour son chauffage, pour celui de sa famille, et quelque fois, pour le service de certaines usines.

Aumailles : ce sont les vaches, et en général les bêtes à cornes.

Conduiseur : celui qui dirige et qui surveille les travaux de l'exploitation, pour le compte du marchand-ventier.

Coupe : quantité de bois qui est à abattre en une seule pièce ; temps où l'on doit la faire.

Facteur : terme d'algèbre qui signifie les quantités dont un produit est formé.

Feuille : la pousse d'une année. Dix feuilles représentent dix ans.

Géoscopie : connaissance des qualités de la terre.

Gruyers : officiers forestiers dont les emplois ont été déclarés héréditaires par un édit de janvier 1583, et dont les fonctions étaient fixés par le titre IX de l'ordonnance de 1669.

Mai : signifie l'action et les effets de la sève pendant ce mois. Il y a *la sève de mai* et *la sève d'août* ; mais celle-là est bien plus puissante, et bien plus active que celle-ci.

Main-mortable : corps et sociétés qui ne meurent point ; malgré le remplacement successif des membres qui les composent.

Panage : pâture des porcs dans les bois et forêts.

Usance : exploitation des bois. User une vente , c'est l'exploiter.

Vente : synonyme de *coupe*.

Ventier.═*Marchand-ventier* : adjudicataire d'une ou de plusieurs coupes ; marchand de bois.

EXPLICATION DES SIGNES ALGÉBRIQUES EMPLOYÉS POUR ABRÉGER LE DISCOURS.

$=$ Est le signe *d'égalité*.

$+$ Signifie *plus*. Ainsi $12 + 4 = 16$ signifie que *douze plus quatre égalent seize*.

$-$ Signifie *moins*. Ainsi $18 - 6 = 12$ signifie que *dix-huit moins six égalent douze*.

$\times$ Est le signe de la *multiplication*. Ainsi $4 \times 3 = 12$ signifie que *quatre multiplié par trois égalent douze*.

$\div$ Est le signe de la *division*. Ainsi $\frac{15}{3}$ signifie *quinze divisés par trois*, de même que $\frac{10 \text{ francs}}{5 \text{ ans}} = 2$, signifie que *dix francs divisés par cinq ans, donnent deux francs par an*.

$:$ Signifie *est à*.

$::$ Signifie *comme*. Ainsi $2 : 4 :: 4 : 8$ signifie que *deux sont à quatre comme quatre sont à huit*.

VOCABULAIRE DES BOIS

CONSIDÉRÉS SELON LEURS MANIÈRES D'ÊTRE, ET SELON LEURS
DESTINATIONS ULTÉRIEURES.

DES BOIS SUR PIED.

On appelle :

Bois arsin ; celui qui est maltraité par le feu.

Bois blanc ; le peuplier , le bouleau , etc.

Bois bouché ; celui qui a quelque courbure naturelle.

Bois carié ; celui qui a des malandres , ou nœuds
pourris.

Bois chablis ; celui qui est maltraité par les vents.

Bois charmé ; celui qui a reçu quelque dommage
qui n'est pas apparent , et qui est menacé de périr ,
ou de tomber.

Bois en défends ; celui qu'il est défendu de
couper , et dans lequel les bestiaux ne doivent pas
paître.

Bois encroué ; celui qui est renversé sur d'autres
où ses branches sont embarrassées

Bois en étant ; celui qui est debout.

Bois faucillon ; celui qui est assez jeune pour être
coupé à la faucille.

Bois gélis ; celui qui est gercé par la gelée.

Bois marmenteaux ; ceux qui servent d'ornemens, et dont les usufruitiers n'ont pas le droit de disposer.

Bois mort ; celui qui ne végéte plus, soit qu'il tienne encore à l'arbre , soit qu'il en ait été séparé.

Bois mort en pied ; celui qui est pourri sur pied, et seulement bon à brûler.

Bois en pueil ; celui qui vient d'être recépé au-dessous de trois ans.

Bois rabougri ; celui qui est mal fait et de mauvaise venue.

Bois recépé ; celui qu'on a coupé au pied pour lui donner une plus belle venue.

Bois sur le retour ; celui qui est trop vieux , et qui commence à perdre de son prix.

Bois vif; celui qui porte du fruit , et qui est d'un bel aspect.

Bois de haut revenu; demie-futaie de 5o à 6o ans.

Bois défensable ; celui dans lequel les bestiaux sont admis à paître , et qu'il est permis de couper.

DES BOIS DE CHAUFFAGE.

Le bois de *chauffage* est neuf ou flotté. *Jean Rouvet* , fut le premier qui , en 1549 , imagina de jeter dans les rivières non navigables , ainsi que dans les cours-d'eau qui allaient y confluer, les bois coupés en forêts , et de les y faire descendre jusqu'aux rivières navigables. Il fit ses premiers essais dans le *morvan.*

C'est en 1641, que s'introduisit dans le commerce l'usage des membrures, aujourd'hui connues sous le nom de *stère* et *double-stère*, pour mesurer le bois de chauffage.

Sous la désignation de *bois de traverse*, on comprend tout ce qui est *bois blanc*.

On nomme :

Bois de moule; celui dont les bûches ont dix pouces de tour.

Bois de corde; celui dont les bûches ont de quinze à dix-sept pouces de tour.

Bois taillis; celui qui n'a que cinq à six pouces de tour.

Bois-neuf; celui qui a été transporté par voitures, ou par bateaux.

Bois-flotté; celui qui est transporté par radeaux.

Bois de gravier; celui qui provient de fonds pierreux et caillouteux. C'est celui dont l'*user* est le plus profitable.

Bois pelard; celui qui a été écorcé dans le moment de la sève.

Bois d'andelle; celui que donne le hêtre.

Bois tortillard; celui qui n'est pas reçu dans les membrures, à cause des vides qu'il y produit.

Bois-boucan; celui qui, par vétusté, n'est plus de mesure pour être vendu selon les dimensions usitées.

Bois en chantier ; celui qui est en pile , ou en magasin.

Bois perdu ; celui qu'on jette dans des ruisseaux , ou cours-d'eau qui ne peuvent porter bateau.

Bois-Canard ; celui qui reste au fonds de l'eau , ou qui s'arrête le long du rivage.

Bois-volant ; celui que le flot amène droit au port.

Bois-échappé ; celui que les inondations déposent sur le littoral.

DES BOIS DE CHARPENTE.

Les variétés de bois de charpente sont :

Le bois gras , ou *doux ;* il a moins de nœuds que le bois ferme. Il est propre à faire des panneaux de menuiserie et des assemblages qui ne fatiguent point.

Le bois dur , ou *rustique ;* il a le fil gros. Il vient dans les terres fortes , dans les fonds pierreux et sur le contour des forêts.

Le bois léger ; c'est le *peuplier* , le *tilleul* , le *tremble* et les *bois-blancs* , en général.

Le bois au cent , ou *cent de solives ; la solive* est de six pieds de long sur six pouces d'équarrissage. Dans le commerce , tout se réduit à cette mesure prise pour unité. Soit pour la vente , soit pour le transport , soit pour le cubage , une poutre est réduite au nombre de solives qu'elle comporte.

Le bois affaibli ; celui dans lequel on fait saillir des bossages , ou des encorbellemens.

Le bois apparent ; celui qui étant en œuvre n'est recouvert ni de plâtre, ni d'aucune autre substance.

Le bois blanc ; celui qui tient de la nature de l'aubier et qui se détériore facilement.

Le bois bouge ; celui qui a du bombement.

Le bois cantiban ; celui qui n'a de bouge que d'un côté.

Le bois corroyé ; celui qui est dressé à la varlope, ou au rabot.

Le bois déchiré ; celui qui provient de quelque ouvrage mis en pièces.

Le bois déversé, ou *gauchi* ; celui qui, après avoir été travaillé, n'a pas conservé la forme que lui a donnée l'ouvrier, mais qui s'est déjeté, courbé, etc.

Le bois d'échantillon ; celui qui est de longueur et de grosseur déterminées.

Le bois échauffé, ou *bois pouilleux* ; celui qui se détériore ; sur lequel on remarque des petites taches rouges et noires.

Le bois d'entrée ; celui qui est entre le verd et le sec.

Le bois d'équarrissage ; celui qui est propre à recevoir la forme d'un parallélipipède.

Le bois flâche ; celui qui ne peut être équarri sans beaucoup de déchet.

Le bois gisant ; celui qui est abattu et couché par terre.

Le bois en grume ; celui qui n'est pas équarri, tels sont les pieux.

Le bois lavé ; celui qui a été repassé à la besaigue, pour en faire disparaître les rencontres et les traits de scie.

Le bois mouliné ; celui qui est piqué des vers.

Le bois tourmenté ; celui qui se déjète pour avoir été employé trop verd, ou humide.

Le bois refait ; celui qui, de gauche et flâche qu'il était, est redressé au cordeau sur ses faces.

Le bois de refends ; celui qu'on débite en merrain, lattes, échalats, serches de boissellerie, etc. etc.

Le bois rouge ; celui qui s'échauffe, et qui tend à pourrir.

Le bois roulé ; celui dont les couches concentriques ne sont pas adhérentes et liées entr'elles. Un arbre est sujet à se rouler quand, étant en sève, il est battu par les vents.

Le bois sain et net ; celui qui est sans malandres, gales, fistules, etc.

Le bois tortu ; celui qui est bon à faire des courbes pour la marine.

Le bois tranché ; celui qui a des nœuds vicieux, ou des fils obliques qui déparent la pièce et qui la rendent peu propre soit à porter charge, soit à être refendue.

Le bois vermoulu ; celui qui est piqué des vers.

Le bois vif ; celui qui est à vives arrêtes, sans flâ-
ches, ni aubier, ni écorce.

DU BOIS DE SCIAGE.

On comprend sous ce nom tout ce qui a moins
de six pouces d'équarrissage, et beaucoup de bois
tendres dont on fait *boiseries* , *parquetages* , *lam-
bris* , *lambourdes* , etc. etc.

On appelle :

Bois mi-plat ; celui qui est beaucoup plus large
qu'épais.

Bois ouvré ; celui qui a passé par les mains de
l'ouvrier.

Bois merrain ; celui qui est débité en petits ais
ou douves, pour faire des tonneaux , cuviers , baril-
lages , etc.

Bardeau ; celui qui est débité en petits ais destinés à couvrir des maisons , ou à lambrisser de
grands cénacles.

Bois d'ouvrage ; celui qu'on travaille dans les
coupes en exploitation , et dont on fait des sabots ,
des pelles , des éclisses , de la vaisselle de bois, etc.

MANUEL

DE

L'INGÉNIEUR-FORESTIER.

CHAPITRE PREMIER.

COUP-D'OEIL HISTORIQUE ET CHRONOLOGIQUE SUR LA FORESTRIE EN
FRANCE.

1. — Dans le temps où la France couverte de
bois présentait une population bien moins nombreuse que de nos jours, la conservation des forêts
semblait n'avoir d'autre objet que le plaisir de la
chasse.

2. — Dans la vue d'attirer des colons, on accorda
des droits d'usage, mais bientôt l'abus s'introduisit
dans l'exercice de ces droits. Il intervint sur la matière des lois diverses dont le nombre s'accrut successivement. On en vint donc à penser que *les eaux
et forêts* devaient être l'objet d'un corps de législation particulière dont l'exécution fut confiée à des
juges spéciaux. Il y eut un *grand forestier*, un

souverain grand-maître. **Les grands-maîtres-géné-
raux**, d'abord au nombre de six, ensuite au nombre de vingt, furent chargés de l'administration.
Les *Capitulaires* envisagent ces magistrats sous le
double rapport d'administrateurs et de juges. Cette
administration fut respectée et maintenue lors de
la décadence des rois de la seconde race.

3. — Une ordonnance de 1356, assura les droits
des officiers des *eaux et forêts.* Sous FRANÇOIS I.er,
ils furent spécialement protégés, et plus considérés
encore qu'ils ne l'avaient été par le passé. Mais
quelques-uns d'entr'eux se sont permis des empiétemens d'autorité qui seraient difficiles à croire, si
des actes publics n'en avaient conservé le souvenir.
Sous CHARLES IX, par exemple, *Jean Bodin*,
avocat au parlement de Paris, et procureur de la
réformation d'alors en Normandie, persuada au
monarque que tous les bois de cette province étaient
grévés du droit de *tiers et danger.* (*) Il attaqua
presque toutes les familles : il instruisit plus de

(*) Le droit du *tiers et danger* consistait à distraire au profit du
domaine, soit en nature, soit en deniers à percevoir sur le prix de
la vente, au choix du gouvernement, le tiers et le dixième du bois
vendu. Si, par exemple, l'adjudication roulait sur trente arpens,
il en était prélevé *dix, pour le tiers, et trois, pour le dixième,*
C. A. D. 13 *sur* 30; mais en Normandie, les tréfonciers avaient
titre et possession pour ne payer qu'une partie de ce droit. Ils
payaient seulement *le tiers,* ou seulement *le danger.*

quatre cents procès : il alla jusqu'à vouloir déposséder tous les propriétaires de bois. La province fut émue de cette prétention gigantesque : le parlement et la noblesse nommèrent des députés. Le roi, fatigué de ces plaintes, et pour en finir, rendit en 1571, un édit par lequel il ordonna l'aliénation du droit de tiers-et-danger. *Bodin* eut l'audace de s'opposer à l'enrégistrement de cet édit; mais le roi, par une déclaration incidente, frappa de nullité la protestation de *Bodin*, et ordonna qu'il fut passé outre.

4. — La vénalité des charges introduite sous *le chancellier Duprat*, fut suivie d'érections de tribunaux et de créations successives d'offices par trop multipliés : delà des plaintes et des réductions. Mais dans la création comme dans la suppression des emplois forestiers, ainsi que dans leurs promotions, *toujours des considérations particulières l'ont emporté sur l'intérêt de la chose.* Cela est si vrai qu'en 1597, *Sully*, lui-même fut contraint de céder aux circonstances du moment, car, tout en supprimant des officiers inutiles, il leur permit de rentrer en fonctions au bout de deux ans, dans le cas où le remboursement de leurs offices ne serait pas effectué à l'expiration de ce délai.

5. — La découverte du nouveau monde exerça son inévitable influence sur la politique, et sur les prévisions du gouvernement. Le commerce mari-

time qui était à créer donna lieu à des réglemens concernant les rivières , comme à une police pour la conservation des bois. Ils devenaient précieux à l'état qui devait y trouver des matériaux pour sa marine naissante. On proscrivit les défrîchemens jusqu'alors encouragés, et, en assujétissant les forêts à des réglemens spéciaux , on réprima les désirs indiscrets des bénéficiers et des mains-mortables.

6. — Il est fâcheux d'avoir à dire que , dans ces temps si reculés ; que , *dans ces temps ou voudraient nous reporter les antagonistes des idées nouvelles* , des notabilités imposantes par leur position sociale ont encouru de graves censures. C'est ainsi que :

Colbert , par jugement du 27 mars 1665 , condamna en 12,000 livres d'amende le maître particulier de *Chizé* , qui eut à se défaire de sa charge , pour cause de malversation.

De Barillon , en 1666 , prononça contre deux grands-maîtres , plusieurs peines et amendes.

De Barentin , frappa , les officiers de la maîtrise de *Mont-Morillon* , d'un jugement en date du 17 mai 1667. Par jugement du 23 des mêmes mois et an, il atteignit les deux grands-maîtres *du Poitou.* Le plus ancien des deux fut déclaré incapable d'exercer aucun emploi dans les forêts du Roi : il fut, en outre, condamné en 4,000 livres d'amende , et à 2,000 livres d'aumônes. Le grand-maître en exercice fut condamné en une amende de 1,200 livres , ainsi qu'à une aumône de 5oo livres , et il eut à se défaire de sa charge dans un mois pour tout délai.

Un autre jugement , du 27 des mois et an susdits, condamna les maîtres-particuliers et officiers de la *maîtrise d'Aulnay* , en dommages et intérêts , restitution et amende , avec intimation de se défaire respectivement de leurs charges.

De Machault, le 16 novembre 1669 , condamna les officiers de la *maîtrise de Laigne*, en plusieurs peines et amendes.

7. — La digression que nous venons de faire , montre assez combien nos forêts, dans tous les temps, ont eu à souffrir soit de la faiblesse , soit de l'incapacité des préposés à leur manutention. C'est une déplorable et très-sérieuse vérité *sur laquelle nous aurons à revenir* et sur laquelle nous ne pouvons pas ne pas insister beaucoup.

8. — Enfin , sous *Colbert* , parut cette ordonnance fameuse regardée , pour le temps , comme un chef-d'œuvre de raison , de justice , de prévoyance et de politique. Elle fut l'ouvrage de *vingt-un commissaires* uniquement occupés, *pendant huit années consécutives* , à s'instruire sur les lieux , dans une matière que des études spéciales , soutenues de la pratique , peuvent seules enseigner.

9. — Toutefois, cette mémorable ordonnance qui avait eu , comme celle de la marine , la prérogative d'étendre sa renommée chez les puissances

étrangères trouva , au sein même du royaume , des obstacles à son exécution. **Dans** les *pays d'États* , les officiers auxquels était confiée cette exécution eurent pour adversaires les administrateurs des provinces qui voyaient avec inquiétude cette branche du service public entre les mains d'agens qu'ils considéraient comme purement ministériels. **Sur** d'autres points du royaume , les officiers des eaux et forêts eurent à combattre les entreprises des intendans. **Enfin** , les édits bursaux de 1707 et de 1708 , portèrent de violentes atteintes à l'ordonnance de 1669 , par les aliénations qu'ils permirent et par l'établissement des gruyers seigneuriaux qu'ils autorisèrent. Il en résulta de la confusion et du trouble dans le régime des eaux et forêts. *La brigue , les sollicitations de puissans personnages favorisèrent l'ineptie ; elles affaiblirent de plus en plus une vigilance que tout aurait dû encourager. En un mot, la prévarication fut comme autorisée par une insouciance mal déguisée de la part du pouvoir.* Tel était l'état des choses au commencement du dernier siècle. (*)

10. — On sait assez que les abus ne rétrogradent pas ; rarement sont-ils stationnaires ; tout au plus

---

(*) Les treize dernières lignes de ce §. appartiennent presqu'autant à l'histoire forestière de 1831 qu'à l'histoire des édits Bursaux de 1707, et de 1708.

changent-ils de forme ou de prétexte pour reprendre leur premier empire. De proche en proche donc
les abus se sont introduits , ils se sont comme im-
patronisés dans toutes les branches de l'administration. *En* 1831 , *surtout*, *la faveur et l'intrigue lèvent
le masque , et se coalisent pour imposer à nos forêts
des agens qui, fort estimables , et très-recomman-
dables, d'ailleurs, compromettent le service, faute
d'avoir acquis* LE SAVOIR *et* L'INSTRUCTION SPÉCIALE
sans lesquels on biaisera toujours le but proposé.
Notre situation s'assombrit chaque jour de plus en
plus. *La détérioration de nos bois est imminente.*
Beaucoup de forêts sont dépouillées de leur ancienne splendeur ; beaucoup d'autres attristent les
yeux de leur affligeante nudité : c'est un point de
fait à l'abri de toute dénégation , et sur lequel tout
le monde est d'accord. Cela est si vrai qu'on est
tenté d'attribuer au déboisement de la France les
variations atmosphériques qui s'y font remarquer.
*Sur cela nous laisserons parler le ministre de l'in-
térieur.* Voici la circulaire qu'il adressa aux préfets
des départemens , le 25 avril 1821.

11. — « Depuis quelques années , nous sommes
» témoins de refroidissemens sensibles dans l'at-
» mosphère , de variations subites dans les saisons
» et d'ouragans ou d'inondations extraordinaires
» auxquelles la France semble devenir de plus en
» plus sujette. On l'attribue en partie au deboise-

» ment des montagnes, aux défrichement des forêts,
» au défaut d'abri qu'éprouvent nos campagnes ,
» et à l'absence des obstacles naturels qui s'oppo-
» saient jadis aux vents et aux nuages du nord et
de l'ouest.

» Pour fixer mon opinion , et pour voir ensuite
» quelles dispositions ordonner , je viens vous de-
» mander des notes sur les divers points qui suivent.

» Quelles forêts existaient dans votre départe-
» ment il y a trente ans ? Dans quelle zône et à
» quelle élévation étaient-elles placées ? Quelle était
» leur étendue, et de quelle espèces d'arbres étaient-
» elles formées ?

» Quels en étaient les propriétaires ?

» Quelles sont celles qui existent encore , et
» celles qui ont été abattues ?

» Quelle influence a-t-on remarqué que la diffé-
» rence d'abri exerçat sur le système météorologi-
» que du département ?

» On a beaucoup fait, et avec raison , pour l'en-
» couragement des prairies artificielles , mais les
» forêts n'ont pas moins d'importance ; et quand les
» recherches auxquelles je vous prie de vous livrer
» n'auraient d'autre résultat que celui d'arrêter vos
» regards sur ce genre de culture et de richesse, ma
» lettre aurait encore rempli en partie son objet. »

12. — Il est donc évident , il est donc incontestable que , malgré les moyens de conservation em-

ployés depuis Louis XIV, jusqu'à ce jour, les forêts du pays sont dépérissantes, et qu'elles subissent un décroissement progressif dans leur étendue. *Buffon* a proclamé une triste et fâcheuse vérité quand il a dit, « tous nos projets forestiers doivent » se réduire à tâcher de conserver les bois qui nous » restent, et à renouveller une partie de ceux que » nous avons détruits. Ils étaient, autrefois, très-» communs en France ; ce qui en reste suffit à » peine aux usages indispensables, et l'on est me-» nacé d'en manquer par la suite. »

13. — Sans se l'avouer à soi-même, peut-être, on n'envisage les forêts que sous le point de vue du produit annuel qu'on en retire. On vit dans le présent, et l'on ferme les yeux sur l'avenir. Or, dans ce faux calcul d'un égoïsme héréditaire, on méconnaît le rapport occulte qui fait dépendre la vitalité des fonds, de l'usance plus ou moins bien entendue de leur superficie, et réciproquement. C'est dans cette dépendance mutuelle qu'est le mot de l'énigme. Tant qu'on ne visera point à résoudre ce problême, *tout ira de mal en pis*.

14. — Au fléau de la vénalité des charges a survécu *le fléau de la routine*. C'est fort mal-à-propos que l'on qualifie d'*aménagement*, des *divisions par coupes* qui n'en sont que le mince accessoire. Une division par coupes ne constitue pas plus un aména-

gement pris dans la véritable acception de la chose, qu'un inventaire après décès ne ressemble à une liquidation qui règle définitivement les droits de chacun. Une liquidation exige un *savoir*, elle entraîne des combinaisons que ne réclame pas un inventaire pur et simple. Celui-ci prend les choses pour ce qu'elles sont, il ne fait que les constater : celle-là les modifie et leur assigne une toute nouvelle répartition. Ce sont deux opérations distinctes dont l'une est inséparable de l'autre, mais qu'il ne faut pas confondre. Un arpenteur en sait assez pour tracer sur le terrain une division par coupes ; mais un aménagement exige, de la part de celui qui en est chargé, une éducation toute spéciale à laquelle rien ne peut suppléer, *une éducation dont la protection et dont les faveurs du pouvoir ne sauraient tenir lieu dans aucun cas.* Sous des dénominations différentes, on ne fait que suivre machinalement les sentiers battus. Malgré les merveilles de la civilisation, malgré la marche victorieuse du siècle, les vieilles habitudes prévalent encore contre l'autorité des lumières et de la raison.

15. — Quand parut l'ordonnance de 1669, il y avait, en France, un total général de *huit millions d'arpens de bois*, de toutes espèces et tréfonds. A cette époque reculée, les bois appartenant à la couronne ne produisaient pas plus de *quatre cent soixante mille francs de revenu net.* Depuis lors, et

notamment depuis la loi de 1791, qui laissa les propriétaires libres de disposer de leurs bois, et même de les défricher, notre territoire forestier s'est étrangement amoindri. En effet, en 1794, il n'était plus que de *six millions trois cent mille arpens*. Sur cette masse, trois millions d'arpens appartiennent à des tréfonciers divers : il n'y avait donc alors que trois millions trois cent mille arpens dont le produit fut versé au trésor. Ces 3,300,000 arpens se composaient alors, savoir :

Des anciennes forêts du roi.	1,000,000	Même total
Des anciens bois des princes.	500,000	3,300,000,000
Des anciens bois ecclésiastiques.	1,800,000	arpens.

C'est, du moins, ce qui résulte des évaluations officielles du comité des domaines et bois de *la convention*. Toutefois le ministre des finances, dans son compte rendu des exercices de l'an IX et de l'an X, (1800 et 1801) évalue la masse des bois à 2,500,000 hectares qui équivalent à 4,875,000 arpens. (*).

(*) Sans doute, il faut attribuer aux agrandissemens de territoire que la France reçut, dans le temps des conquêtes de Napoléon, la différence 1,575,000 arpens qui se trouve entre l'évaluation de 1794, et la même évaluation en 1800-1801. Mais quoiqu'il en soit de l'influence de ces ruineuses conquêtes, on ne saurait se dissimuler combien sont équivoques et précaires les notions que l'on possède à cet égard.

Plus d'une fois on a fait le mesurage des bois du royaume, mais toujours ce travail a manqué d'ensemble. Les plans qu'on a levés étaient-ils exacts? y trouve-t-on les accessoires, les docu-

16. — Nous ferons remarquer en passant, qu'en 1766, le produit annuel des bois du roi n'était que de quatre à cinq millions.

17. — En 1790, (24 ans plus tard) il était porté à plus de sept millions, malgré des défrichemens et des échanges opérés intermédiairement ; malgré la distraction des apanages du *Comte de Provence* et du *Comte d'Artois*, qui comprenaient, ensemble, plus de 180,000 arpens.

18. — En ce qui touche l'augmentation du prix marchand des bois, elle a suivi la progression ci-après. La voie de Paris (elle est de 56 pieds cubes),

---

mens, les annotations d'où l'on put déduire le mode d'administration le plus convenable, et le mieux approprié à la qualité du sol ?

Plus d'une fois, enfin, l'on a mis la main à l'œuvre pour procéder au recensement général des bois de la couronne, des princes, des grands seigneurs, du clergé, etc., etc.; mais sur quoi reposait la fidélité de ces recensemens ? ont-ils été assez complets, assez lumineux pour que jamais on en ait pu conclure dans quel rapport la matière consommable-disponible se trouve avec les besoins de la consommation ?

Avec des instrumens tels que sont les siens, instrumens habituellement disparates, et mal assortis aux exigeances du service, tant avant que depuis la révolution de 1789, le gouvernement n'a jamais pu voir la situation forestière du pays autrement que sous un angle infidèle et mal observé ; tellement qu'aujourd'hui le dividende annuel de chacun des regnicoles est au-dessous de neuf pieds cubes, ainsi que l'autorité des chiffres le démontrera plus loin.

y fut augmentée de *cinquante sous*, en 1783, et de *trois livres*, en 1784. La même mesure y était vendue 24 *livres* 1 *sou*, en 1795. A partir de cette dernière époque, elle s'est rapidement élevée au prix de 32 *livres* 11 *sous*.

19. — En 1803, enfin, le revenu forestier monta à plus de 30,000,000, selon la déclaration officielle du ministère des finances. Il faut dire qu'à cette époque, les départemens de *l'Ourthe*, de *la Dyle*, de *l'Escaut*, des *deux Nèthes*, de *la Sarre*, de *la Roer*, et d'autres encore, tous richement boisés, avaient été réunis à la France dont ils ne faisaient pas partie en 1790, et dont ils ont été distraits à partir de la restauration : mais il reste vrai que, dans un intervalle de vingt-quatre ans, la progressive augmentation du prix du bois a été dans le rapport de *quatre et demi à sept*, tandis que la dépopulation foncière de l'espèce est annuellement de 13,223 hectares, et qu'il en résulte, par chaque exercice, *un déficit de* 6,545,385 *francs dans les revenus de l'état*, ainsi que cela est péremptoirement démontré dans notre *examen analytique des causes du dépérissement des bois.*

20. — Au plan si habilement conçu en 1826, par M. *Bonard*, pour l'approvisionnement en bois de construction de nos chantiers maritimes, on a opposé que l'adoption des moyens proposés par cet

honorable et savant ingénieur, imposerait au gouvernement la privation prolongée de trois à quatre
millions de son revenu. Quoi ! le gouvernement
recule devant une dépense de 3, à 4,000,000 *quand
il s'agit de l'honneur du pavillon Français*, et néanmoins il se perpétue nonchalamment dans le déficit
annuel de 6,545,385 francs que nous venons de
signaler ! N'est-il pas inouï que l'on glisse légère-
ment sur un aussi déplorable état de choses, dans
de mauvais jours où le besoin de patriotisme, de
franchise et *d'économie bien entendue* se fait si puissamment sentir ? (*) Espérons que *Sa Majesté*
Louis-Philippe, ne sommeillera point au bord du
précipice : croyons qu'elle ne manquera ni à ses
propres lumières, ni aux besoins de son temps,

(*) Nous disons *économie bien entendue* parceque, dans l'espèce,
on se fait honneur d'économies qui n'en sont pas, ou plutôt qui
ne sont que ruineuses pour la chose. Par exemple : dans un
rapport fait au roi, sur le réglement définitif des budgets de
1815, 1816, 1817, et la notification provisoire de celui de 1818,
rapport qui fut distribué *aux chambres*, on voit que les dépenses
de l'administration des bois et forêts qui, en 1816, ont été de
3,914,924 fr., n'ont été, en 1817, que de 3,630,389 fr. ; qu'en 1818,
elles ont été réduites à 3,000,000 ; et qu'en 1819, elles ne dépasse-
raient pas 2,770,200 francs ; en sorte qu'en quatre années, la
diminution sur cette nature de dépense, a été de 1,144,724 francs.
Cela veut dire, en d'autres termes, que, dans chacune de ces quatre
années, l'administration forestière a fait pour 286,181 francs de ce
qu'elle qualifie *d'économies*, au lieu de les employer à faire des
repeuplemens dont il serait si urgent de s'occuper afin de reparer

et qu'une complette réorganisation forestière sera aussi un des bienfaits de son règne.

21. — S'il est vrai que les bois doivent être regardés comme le patrimoine de l'état, à cause de leur universelle utilité, il est vrai aussi qu'une forêt n'est souvent qu'un assemblage de bois dont plusieurs individus sont propriétaires. De ces deux points de vue jaillissent des intérêts différens qu'il faut savoir concilier entre-eux. Si l'on use des grands bois pour les besoins du présent, il faut en préparer de loin pour ceux qui viendront après nous. D'un autre côté, les propriétaires aiment à jouir. Des motifs tirés de la nature de leurs bois, comme de la qualité du terrain qui les porte, peuvent les exclure accidentellement du cercle d'une loi générale. Il faut donc que ceux qui sont appelés au maniement des forêts ayent beaucoup vu et beaucoup observé. Il faut qu'ils sachent ne point outrer les réglemens : ils doivent bien connaître la marche de la nature, afin de faire exécuter l'esprit plutôt que la lettre de la loi. Cela est d'autant plus essen-

---

nos pertes journalières et non interrompues. Voilà justement ce qui s'appelle tirer avantage de *laisser crouler sa maison faute d'y faire les réparations indispensables !* Il faut avouer que nos *forestiers en chef*, avec les plus louables intentions du monde, ont bien peu la conscience de leur mission, et le sentiment de la tâche qu'elle leur impose !

tiel que la conservation de l'espèce , ainsi que le ménagement des fonds , dépendent surtout de la fixation de l'âge et du temps de la coupe. La coupe est un moyen de rajeunissement ; c'est pour les bois, un moyen de perpétuité qui exige une grande finesse de tact. Cette partie de la science peut, à certains égards, être soumise aux lois du calcul, ou, du moins, d'une approximation à-peu-près équivalente. Nous en parlerons en décrivant la marche de la végétation et la théorie de l'accroissement des bois.

22. — Dans l'état de dégénéressence où sont tombées les forêts du royaume, il est important de fixer un œil perscrutateur sur ce qui nous en reste. Leur conservation journalière et purement extérieure n'est qu'un accessoire au grand objet de leur sort essentiel et capital. La destruction par la cognée du délinquant n'est que fort peu de chose auprès du dommage, quelquefois irréparable, causé par les abroutissemens , par l'excès d'âge , souvent par les gelées, et presque toujours par la réserve des baliveaux sur taillis. Telles sont les principales causes occasionnelles de la détérioration des forêts. L'excès d'âge, surtout, est l'effet consécutif dès *à-peu près*, de l'incohérence , et des tatonnemens qui ont, jusqu'ici, *tenu lieu de la règle et des principes qui ne sont pas encore posés*. Quel peut être l'avenir d'un malade balotté entre l'avis conjectural et divergent du *médecin tant pis* , et du *médecin tant*

mieux ? Quant à la surveillance extérieure proprement dite , il faut ne pas prendre le change sur le service journalier des gardes. Le plus souvent , lorsque ceux-ci sont paresseux , ils affectent de faire beaucoup de procès-verbaux afin de couvrir leur indolence d'un vernis de zèle et d'activité : mais *un bon garde* qui se montre souvent, en fait peu, parceqne sa présence décourage les délinquants et les éloigne. Nous parlerons plus loin des graves dommages causés par la dent des bestiaux.

CHAPITRE II.

DES ARBRES FORESTIERS (*).

23. — Les arbres forestiers qui dominent en France sont ; *le chêne, l'orme, le charme, le hêtre, le frêne, le bouleau, le châtaignier* et *les espèces résineuses.*

24. — Avant de parler de ces différentes sortes, nous croyons devoir signaler aux propriétaires ruraux la belle et importante découverte de M. *de Perthuis.* Ce savant agronôme est parvenu à maîtriser, à diriger, **P. A. D.** la sève des plus grands arbres. Il a trouvé le moyen de les préserver des difformités qui en font souvent du bois de chauffage, au lieu d'en faire de belles pièces de service. — « Je » ne parle point ici, dit-il, d'expériences faites en » petit. J'ai formé, par ma méthode, plus de trois » mille pieds d'arbres, en chênes, en ormes et en » frênes qui, tous présentent des tiges nettes, et » bien proportionnées à leur hauteur. »

(*) C'est sur des renseignemens pleins d'obligeance qu'a bien voulu nous procurer M. Allard, propriétaire, et adjoint à la mairie de Pont-Liene, que sont appuyées nos citations sur les départemens *de la Mayenne et de la Sarthe.*

25. — Quoique l'on puisse compter plus de *vingt espèces de chênes*, elles se réduisent toutes à deux principales qui sont le *chêne à gros glands* et le chêne à *petits glands*. Dans la première espèce, le gland n'est qu'un à un, ou, tout au plus, deux à deux sur la même branche. L'écorce du chêne à gros gland est blanche et lisse. La seconde espèce, porte ses glands par trochets de trois, quatre, ou cinq ensemble. Le bois en est plus coloré que celui du chêne à gros glands ; la feuille en est plus petite et l'accroissement plus lent.

Dans les terrains maigres, ou peu profonds, on ne trouve que des chênes à petits glands, tandis que l'on ne rencontre guère que du chêne à gros glands dans les bons fonds de terre. Par exemple, si l'on sème un mélange de gros et et de petits glands dans un terrain composé de bonnes et de mauvaises veines, le petit gland poussera spontanément dans la mauvaise terre ; mais le gros gland ne se développera que dans la meilleure. Le bois de cette espèce de chêne ressemble si fort à celui du *châtaignier*, par sa texture, et par sa couleur, que l'on prend communément pour bois de châtaignier la charpente de nos anciennes églises, même dans les provinces où l'on ne voit point cette espèce d'arbre. *Buffon* dit avoir reconnu que ce prétendu châtaignier n'était que du chêne à gros gland, autrefois très-commun. On ne saurait voir de charpente plus admirablement belle , ni mieux conditionnée que celle du château de la Ville-Basse , à *Joinville*. Les réparations et les distributions nouvelles qu'en 1788, le comte *de la Touche*, alors chancellier de la *maison d'Orléans*, nous chargea d'y faire exécuter, nous ont donné lieu de penser qu'elles sont en chênes à gros glands, encore bien qu'elles soient généralement réputées comme étant de châtaignier.

26. — C'est dans la proportion du double au simple que le chêne à gros glands a constamment plus de cœur et moins d'aubier que le chêne à petits glands. Si le premier n'a qu'un pouce d'aubier sur huit pouces de cœur, le second n'aura que sept pouces de cœur sur deux pouces d'aubier , et ainsi de suite de toutes les autres mesures. A cause de l'élasticité du chêne à gros glands , le trou de balle ou de boulet s'y rétrécit d'un tiers, et audelà, de plus que dans le chêne commun. Cette considération fait que le chêne à gros glands est recherché, et employé de préférence dans la construction des navires. En général, plus les chênes croissent vite , et de meilleur service ils sont, à grosseur égale. Leur tissu est plus ferme, plus compacte, et plus nerveux que celui des chênes qui croissent lentement, et dont la venue est laborieuse.

27. — M. *Juge-Saint-Martin*, dans son *Traité de la culture du chêne*, pense qu'il est beaucoup

plus avantageux d'obtenir cet arbre par le semis à demeure que par la transplantation. — » Le chêne » semé et né en terrain gras, prendra trois pieds » de tour en trente ans, *dit-il* ; à partir de cet âge, » il croîtra plus vite encore, et fera les plus grands » progrès jusqu'à l'âge de quarante ans. Au lieu » que des chênes que l'on plante à l'âge de dix ans, » environ, n'auront pas communément trois pieds » de tour au bout de trente ans, à partir de leur » plantation ; et leur accroissement subira plus ou » moins de lenteurs inévitables jusqu'à ce que leurs » racines se soient suffisamment étendues. »

28. — *L'orme* demande un terrain plat, découvert, bas et aqueux. Il se plait dans les lames noires et humides, dans les glaises mêlées de limon, dans les terres douces, fertiles et pénétrables où le paturage est bon, et particulièrement le long des chemins, ruisseaux et rivières. Il prend peu de profondeur de terrain. Il croît lentement dans la glaise, ainsi que dans les terres trop fortes, et trop compactes. Il faut autant de temps, et deux fois plus de travail, pour l'obtenir de boutures que pour l'obtenir de semence. Le meilleur est celui qui croît dans la glaise, malgré la lenteur qu'y éprouve son accroissement. Celui qui provient d'un terrain graveleux est cassant. Il faut le tenir submergé pour empêcher qu'il ne se déjète et qu'il ne se tourmente.

29. — *Le charme* vient plus épais et plus serré que le chêne, mais il croît beaucoup plus lentement. Il se couronne trop tôt pour qu'on puisse l'élever en futaie. Les naturalistes estiment que, pour en obtenir le plus grand profit, il faut le couper à quinze ans ; son bois est blanc ; il est cassant, et ne peut se fendre. Exposé à l'air, quand il est abattu, il se pourrit en six ans. Il est d'un *chauffer vif*, et fort agréable. On en fait du charbon de qualité parfaite. Il produit beaucoup de graines très légères, et qui sont le jouet des vents.

30. — *Le frêne* demande une terre légère et limoneuse, mêlée de sable et traversée par des eaux courantes. Il peut croître depuis le fonds des vallées jusqu'au sommet des montagnes, pourvu qu'il y ait de l'humidité, et de l'écoulement. Il se plait, surtout, dans les gorges sombres des collines exposées au nord. On le voit, pourtant parfois, réussir dans la glaise, et même dans la marne, si le sol a de pente. On le voit venir aussi dans les terres caillouteuses et graveleuses, ainsi que dans les crevasses des rochers si, dans tous les cas, il y a de l'humidité. Il ne prend que peu de profondeur, attendu que ses racines s'étendent à fleur de terre ; mais il craint les terres fortes, ainsi que la glaise dure et sèche. Il se refuse absolument aux terrains secs et trop pauvres, ainsi qu'aux coteaux exposé au midi ; ses

graines ne lèvent qu'à la seconde année ; si, pourtant, on les sème en automne, et de très bonne heure, peut-être le printemps suivant verra-t-il paraître quelques tiges naissantes ; mais il y a peu à compter sur du plan avant la deuxième année. Les carossiers de la capitale recherchent avec empressement les beaux et bons frênes qui se trouvent en abondance dans le *buisson de Briou* (*).

31. — *Le hêtre* est prompt dans son accroissement. Il se plait sur le penchant des coteaux ; il vient dans les terrains médiocres ; son plant réussit mal : il faut que sa faîne (c'est ainsi que l'on nomme sa graine) soit semée. Il est trop cassant, et trop accessible à la piqûre du ver, pour être employé en charpente. Néanmoins, dans *la Mayenne*, on en fait des jantes de roues tout aussi résistantes, et d'une aussi longue durée que les jantes en orme. Mais le hêtre, pour devenir propre à cet emploi, doit subir une préalable et longue immersion. Cette préparation le rend inaccessible au ver. Plus longtemps il reste au fond de l'eau, meilleur et plus

---

(*) Bouquet de 1200 arpens , situé sur la rive sud de la Loire, vis-à-vis la *côte de Guignes* si célèbre par la rare qualité de son vin exquis. Ce bois d'une admirable fécondité appartient à la maison d'Orléans. Nous avons réglé, en 1785, l'ordre de ses coupes, et nous avons ouvert les routes dont il est percé. Les herborisateurs y sont attirés de fort loin par la beauté du lieu, comme par la recherche des plantes qui y abondent, notamment *le fritillaire*.

solide il devient. Il faut qu'il y séjourne de quatre à cinq ans, au moins, pour être d'un bon *user*. Les menuisiers, les tourneurs, les layetiers et les sabo-tiers en font usage. On en fait du bârillage pour l'encaissement des farines, des sucres, des sirops-mélasses, et des harengs : on en fait des pelles et des atelles de colliers, ainsi que des gamelles et cuillers de bois. Enfin, son usage est tellement étendu que l'on tire des moules de boutons de ses moindres fragmens. C'est le bois le plus agréable à bruler. Une fois abattu, il repousse rarement, mais il se reproduit aisément par sa graine. Elle est oléagi-neuse, et son huile est fort estimée pour les fritures. On la connaît, dans le commerce, sous le nom d'huile de faine.

32. — *Le châtaignier* affecte des terrains particu-liers. Il ne croît point, ou il vient mal dans les terrains dont le fonds est de matière calcaire. On en fait du cercle fort estimé.

Le châtaignier peut être considéré sous deux points de vue; dans son état naturel, et dans son état de culture. Envisagé sous le premier aspect, cet arbre qui n'a pas d'aubier, et qui redoute peu les atteintes du ver, présente le double avantage d'être utilement employé en charpente, et de pro-duire des fruits d'une médiocre qualité. On en fait aussi de la latte recherchée par les plafonneurs.

Considéré dans son état de culture, c'est-à-dire quand il a été *greffé en fente*, il prend le nom *de maronier*. C'est alors que par la qualité comme par l'abondance de ses fruits, il dédommage, avec usure, son propriétaire, du tort qu'à pu faire à son champ l'ombre malfaisante de cet arbre.

Le département de la Sarthe exporte, année commune, pour trois ou quatre cent mille francs de marrons et de châtaignes.

33. — *Le bouleau*, quant à sa hauteur, est regardé par les naturalistes comme n'étant que du troisième ordre. Il vient dans les fonds maigres et crétacés; on en voit même de très beaux dans les fentes des rochers. Sa graine qui se multiplie à l'infini germe aisément. Il est fort employé par les sabotiers. A l'âge de dix ans, on le convertit en cercles pour relier les tonneaux ordinaires : quand il est plus âgé, l'on en fait du cercle pour les cuves. Il est propre à chauffer les fours à pains, et ceux à plâtre. Si, dans le temps de la sève, on le perfore à une certaine profondeur, il en découle un suc que l'on dit être lithontriptique. C'est un cosmétique contre les taches de la peau. Ce suc est, d'ailleurs, raffraichissant, et agréable au goût.

34. — Dans plusieurs contrées de la France, on cultive avec succès les espèces désignées sous le nom générique *d'arbres résineux*.

Le *pin maritime* s'exploite avec avantage, à 40, 50 et 60 ans, mais ce conifère ne comporte pas de grandes dimensions.

Le *pin sauvage*, le *pin de Riga*, et le *mélèze* s'exploitent à 80, 100 et 120 ans, âges auxquels ils ont acquis les plus belles proportions qu'ils puissent atteindre.

35.—Les arbres verds s'exploitent par *éclaircies*.

36. — On éclaircit les semis de *pins maritimes* à l'âge de sept à huit ans, et l'on répète l'opération de dix en dix ans. Quand au *pin sauvage*, et autres espèces résineuses, on ne commence à les éclaircir qu'à l'âge de trente à quarante ans. On répète les éclaircies de vingt en vingt ans, jusqu'à l'âge de la coupe définitive qui se fait à cent vingt ans.

37. — Rien n'est plus variable que la quantité de tiges qui se trouve, par hectare, à un âge donné. Cependant les observations faites dans les forêts de *pins sauvages* bien fournies, bien entretenues, situées en bon fonds, et exploitées suivant la *méthode des éclaircies*, établissent qu'on y trouve, par hectare, les quantités suivantes, savoir :

Après la 1re éclaircie, de 30 à 40 ans, on compte de 4 à 5,000 tiges :

Après l'éclaircie qui se fait à 60 ans, on en compte de 1,500 à 2,000 :

Après l'éclaircie qui se fait à 80 ans, on en compte de 800 à 1,000.

Après celle qui se fait à 100 ans, on en compte de 6 à 800 qui demeurent debout jusqu'à 120 ans d'âge.

38. — Enfin, des expériences faites avec soin ont constaté que, dans une forêt de *pins sauvages*, telle que celle dont nous venons de parler, chaque coupe par éclaircie, et la coupe définitive, fournissent, par hectare, les quantités suivantes :

1re éclaircie de 30 à 40 ans.		375 pieds cubes.
2^e	60	2,812
3^e	80-90	6,750
4e coupe définit. à	120	27,000

Produit total en 120 ans   36,937. — Ce qui donne pour terme moyen 308 pieds cubes *par hectares*, *et par année.* Au-delà de ce produit, on retire encore, de la même surface, environ 230 voitures de fagots, pendant la période de 120 ans (*).

39. — Les forêts d'arbres résineux produisent généralement une fois plus de bois que celles qui

---

(*) Ce que nous venons de dire, concernant l'exploitation des arbres verds, est puisé dans un rapport fait à la société royale et centrale d'agriculture, séance du 2 août 1826, par M. *Héricart de Thury,* au nom de la commission chargée d'examiner le projet conçu par M. *Achille de Jouffroy*, de défricher, et de planter en arbres résineux, les landes et bruyères des départemens *de la Bretagne.* Ce rapport est savamment et méthodiquement traité, comme l'est toujours ce qui émane de ce foyer de lumières, et des connaissances agricoles en tous genres.

se composent d'arbres à feuilles. Le produit de ces dernières, pendant 120 ans, n'est que d'envi-ron 17,580 pieds cubes, par hectare. Les produits en argent sont aussi plus considérables pour les forêts de pins sauvages que pour les autres forêts. Ils sont dans le rapport de *huit à cinq*, selon ce qu'assurent quelques praticiens.

40. — Au sujet de la culture des conifères, de leur aménagement, de leur exploitation, et des divers emplois de leur bois, feu M. *de la Marre* a publié, en 1820, un mémoire riche de citations puisées dans *Buffon; — Duhamel-Dumonceau; — De Perthuis; — Varenne de Fenille; — Juge de Saint-Martin; — Tschudi; — Lintz; — Bosc, de l'Institut; — Burgsdorf; — Datty; — Dralet; Hartig, etc., etc.* Ce mémoire est terminé par la conclusion que voici textuellement rapportée.

» La création des bois et forêts de *pins*, ainsi que » le repeuplement ou la restauration de nos bois et » forêts actuels, à l'aide de cette essence, présen-» tent de nombreux avantages :

» 1° Leur culture est plus facile que celle de » toutes les autres espèces de bois, tant résineuses » que feuillues ;

» 2° Elle est moins dispendieuse ;

» 3° Elle utilise des terrains impropres à toute autre production ;

» 4° Elle donne, surtout l'espèce maritime, des
» produits bruts et des produits nets beaucoup plus
» hâtivement que toutes les autres essences de bois,
» tellement que le créateur des bois et forêts de
» *pins* peut se flatter d'en jouir personnellement,
» dans toute l'étendue de leurs avantages pécu-
» niaires, et qu'il peut rentrer dans les avances que
» cette création exige, beaucoup plutôt qu'il ne le
» pourrait dans toutes autres essences de bois ;

» 5° Les *pins* sont dans le cas de donner des
» produits en matière, par conséquent des produits
» bruts, des produits nets, et des valeurs de tra-
» vaux en bien plus grande quantité que toutes les
» autres essences de bois, et particulièrement plus
» que les bois feuillus ;

» 6° Ils peuvent, plus que quelqu'autre espèce
» que ce soit, procurer l'abondance en bois, et
» prévenir soit l'insuffisance, soit même la disette
» dont un grand nombre d'opinions menacent de-
» puis long-temps les générations à venir (chose
» qui est constante, dès à présent, sur quelques
» points et pour quelques localités) ;

» 7° Ils offrent à haut degré les moyens de salu-
» brifier l'air, de regarnir promptement les monta-
» gnes déboisées, de rétablir la régularité des sai-
» sons, ou au moins d'en diminuer les irrégularités
» et l'effet des changemens atmosphériques qui sont
» remarqués dans les climats divers de la France ;

» de prévenir l'effet du trop prompt abaissement
» des montagnes , les ravages des eaux, etc., etc.

» Les *pins*, mieux et plus promptement que
» toutes les autres essences de bois, peuvent salu-
» brifier l'air , parce que les arbres futaies sont
» éminemment salubrifians, et parce que leurs
» émanations balzamiques sont singulièrement favo-
» rables à la santé de l'homme. Ils ont d'ailleurs ,
» comme toutes les autres essences à feuilles per-
» sistantes, un avantage particulier sur les bois
» feuillus, sous le rapport de la salubrité , en ce
» qu'ils sont en végétation plus ou moins active à
» peu près toute l'année, au lieu que les essences
» feuillues n'y sont qu'à peu près moitié, de ma-
» nière qu'à cet égard l'avantage est en faveur des
» *pins* presque comme deux sont à un (*). »

41. — La première idée des *éclaircies* appartient
à la France. *Buffon* et *Duhamel* l'ont indiquée.

(*) Sur beaucoup de points du département de la *Sarthe,* on
bâtit avec le bois de sapin que l'on y recueille ; mais, on néglige
de lui faire subir une préalable immersion nécessaire pour en
resserrer la porosité , pour le rendre sensiblement plus fort, et
pour le préserver de la piqûre du ver. On sait aussi , dans ce département, tirer parti des *pommes de pin* que l'on expose soit au
soleil , soit à la chaleur du four, afin de les dilater. On en fait,
par cette préparation , une matière combustible d'un *chauffer* fort
agréable. *La Solagne* semble avoir négligé, jusqu'ici, cette branche
d'industrie qui pourrait lui être d'autant plus utile qu'elle n'exige
que du travail sans mise de fonds.

Elle est, d'ailleurs, consignée dans l'ouvrage de M. de *Perthuis*, sur l'aménagement des bois et forêts, publié antérieurement à l'ouvrage d'*Hartig*; mais elle a été largement développée et perfectionnée par ce célèbre grand-maître des *forêts de Wurtemberg*. Elle consiste à couper, dans des périodes opportunes, ce qui se trouve de bois superflu, et capable de nuire à la croissance des plus beaux brins.

42. — » Les conservateurs et autres agens fo-» restiers reconnaissent que cette méthode, dite » *Méthode allemande*, peut très-bien s'appliquer » aux forêts du royaume, et que, tout au plus, elle » aurait à y subir de légères modifications dans » quelques localités. » Dit le traducteur d'*Hartig*.

43. — A cet égard, nous ferons observer : 1° que les meilleures méthodes d'exploitation sont soumises à des exceptions puisées dans la nature du sol, sous le rapport de la fixation des âges : 2° que *la Méthode allemande*, précisément parce qu'elle est fort ingénieuse, et tout-à-fait selon la nature, ne portera ses fruits en France que dans les proportions suivant lesquelles il y a, entre les deux pays, analogie de fécondité, et surtout *parité de savoir* entre les agens forestiers de l'un et de l'autre gouvernement : nous voulons dire que si les forestiers du *Wurtemberg* ont reçu une éducation spéciale, les

succès qu'ils savent obtenir pourront échapper à ceux des forestiers français qui n'ont pas reçu cette éducation préliminaire. Il faut, de toute nécessité, que, dans une branche de service quelconque, les hommes soient pourvus de la dose d'aptitude et de *savoir-faire* que réclame le poste auquel ils sont appelés : autrement, *ce serait vouloir servir une batterie avec des boulets qui ne sont pas de calibre.*

44. — Nous pensons, au reste, que la méthode des éclaircies s'appliquerait avec avantage aux surfaces boisées dont le sol est capable de produire des arbres comme on en voit dans les forêts de *Fontainebleau*, de *Saint-Germain*, de *Villers-Cotterets*, de *Blois*, de *Russy*, de *Boulogne*, et autres du même genre (*).

(*) Parmi les forêts sur l'état de situation desquelles nous fûmes successivement chargé de faire notre rapport, les plus heureusement disposées sont celles que la *maison d'Orléans* possède dans la *Haute-Marne*, notamment celles du Der, de *Marnesse*, du *Jard* et de *Joinville*. Elles étaient peuplées, en 1789, d'une foule de chênes magnifiques, et de la plus rare beauté. Convenablement espacés qu'ils étaient entre eux, ils formaient le plus harmonieux et le plus bel ensemble de futaies qui se puisse imaginer. Beaucoup de ces arbres portaient l'empreinte du marteau-forestier au chiffre des *ducs de Guise.* Le terrain sous-jacent est garni de taillis, essence de *tilleuls* qui servaient alors d'*affouages* aux forges à fer très-communes dans ces parages.

Sous le rapport de la fécondité du sol, et de la puissance de végétation, nous devons placer, dans la cathégorie des forêts que nous venons de désigner, celle de *Bruadan,* près *Romorantin* (Loir

CHAPITRE III.

RÉSUMÉ APHORISTIQUE, ET PAR ARTICLES DÉTACHÉS, DES EXPÉRIENCES
FAITES SUR DIVERS OBJETS QUI SE RATTACHENT TANT A LA CULTURE
DES BOIS, QU'A LEURS EMPLOIS ET QUALITÉS DIFFÉRENTES.

45. — Excepté le *chêne* qu'on peut semer dans presque tous les terrains, toutes les autres espèces

---

et Cher), appartenant aussi à la *maison d'Orléans*. Quand l'ordre nous fut donné de dresser l'état de situation de cette forêt qui contient 3,500 arpens, elle était dans un état sauvage, P. A. D., et son revenu annuel était, à peine, de 12,000 livres. Nous la reconnûmes capables d'en produire *trente*, *bien aisément*, même sans étendre ses débouchés singulièrement restreints. Il doit se trouver, *dans les archives du Palais-Royal*, un mémoire que nous adressâmes au *marquis Ducrest*, alors *chancellier de la maison*. Ce mémoire expose les importantes améliorations qu'il est possible d'introduire dans cette forêt, au moyen d'un canal d'embranchement par lequel ses bois auraient pu se rendre à Paris. Ce canal dont nous fîmes, dans le temps, le devis et le détail estimatif, n'aurait pas, alors, couté plus de 600,000 francs. Cette spéculation pouvait produire, *hic et nunc*, de 16 à 1,800,000 francs, sans préjudicier à une bonification de 3 à 400 pour $^0/_0$ dans les revenus annuels. Mais, malgré l'influence de madame de Genlis, le *marquis Ducrest*, son frère, fut remplacé par le comte *de la Touche*, et le violent orage qui se faisait déjà pressentir ne permit pas à celui-ci de prendre l'objet en considération. L'établissement de ce canal n'aurait pu qu'enrichir beaucoup cette partie de la *Sologne*, en ouvrant de nouveaux débouchés à son commerce.

d'arbres veulent être semées en pepinières, pour être ensuite transplantées à l'âge de 2 ou 3 ans.

46. — La graine de *hêtre* ne réussit point dans une terre compacte, parce que sa capsule, repoussée au dehors, vient recouvrir sa tige naissante. Il lui faut donc une terre meuble et facile à diviser ; autrement elle pourrit.

47. — On doit éviter de mettre ensemble les arbres qui ne se conviennent pas. Le *chêne*, par exemple, craint le voisinage du *pin*, du *sapin*, du *hêtre*, et de toutes les espèces qui poussent de grosses racines dans la profondeur du sol. Le *chêne* qui pique en terre demande, pour assortiment, le *tremble*, le *tilleul*, le *marseau*, et en général les essences dont les racines courent et s'étendent à quelques pouces seulement de profondeur, sans pénétrer plus avant.

48. — Pour préserver de la gelée le gland qu'on destine aux plantations, le meilleur moyen est de l'enterrer. *Buffon* faisait établir une couche de gland de deux pouces d'épaisseur qu'il faisait recouvrir d'un demi-pied de terre, et successivement un lit de gland et un lit de terre. Le gland germe, la radicule se casse, mais cela ne nuit en rien au succès de la plantation. Des mannequins ou corbeilles servent à transporter le gland sur les lieux.

49. — Le même naturaliste faisait planter le gland un à un, et à un pied de distance les uns des

autres, sauf à ce que les pousses les plus vigoureuses prennent leur accroissement aux dépens des plus faibles. Mais en général, et sans préjudice des exceptions, il faut, dit-il, planter à 4 pieds de distance, pour un taillis qui doit être coupé de 15 à 18 ans. Si l'âge doit être réglé de 30 à 40 ans, il faut planter à 5 pieds de distance ; et plus, encore, si l'on veut avoir de la futaie. Nous dirons plutard que c'est la profondeur et la qualité du terrain qui doivent déterminer ces différens âges.

50. — On ne saurait imaginer, ajoute le savant observateur, combien les *mulots* sont destructeurs des nouvelles glandées. Ces petits quadrupèdes logent deux, trois, et quelquefois quatre ensemble dans un même trou. On trouve, dans leur retraite, un demi-boisseau, et jusqu'à un boisseau de gland. *Avec des piéges où j'avais mis pour amorce des noix grillées*, dit-il encore, *j'en ai détruit, en moins de trois semaines, plus de 1,300 qui, dans le mois de novembre, m'avaient déplanté une glandée de 15 à 16 arpens.*

51. — *Buffon* voulant expérimenter qu'elles espèces de terres étaient plus ou moins récalcitrantes à l'œuvre de la végétation, a fait remplir six caisses, savoir : la 1re de glaise bleue ; la 2e de graviers gros comme des noisettes ; la 3e de glaise couleur d'oran-

ges ; la 4e d'argile blanche ; la 5e de sable blanc ; la 6e de fumier de vache bien pourri. Il a semé, dans chacune de ces caisses, un nombre égal de glands, de châtaignes, et de graines de frêne. Le tout a été abandonné à l'air, sans soins, sans culture et sans arrosement. La graine de frêne n'a levé dans aucune. le châtaignier a levé, et il a vécu, excepté dans la glaise bleue, et dans la glaise orangée. Le gland a levé dans toutes les caisses, excepté dans la glaise orangée qui n'a rien produit du tout. Les jeunes chênes levés dans la glaise bleue, et dans l'argile, quoiqu'un peu effilés au sommet, étaient forts et vigoureux en comparaison des autres. Ceux lévés dans le fumier pourri, dans le sable et dans le gravier, étaient faibles, jaunes et languissans : les racines répondaient à la tige. Les terres crêtacées sont reconnues pour être les moins propres de toutes à la végétation des bois ; les terres glaiseuses, ensuite, et, par degrés, les composés de celles-là.

52. — Il est généralement parlant, beaucoup plus difficile de faire venir du bois dans les terres en train de labour que dans celles qui sont en frîche. la difficulté s'accroît encore si ces terres ont été marnées, même anciennement.

53. — *Buffon* réduit à deux espèces tous les terrains : *les forts et les légers.*

54. — Si l'on veut semer en *terres légères*, séches

et mêlées de gravier, on doit faire labourer, mais il ne faut qu'un seul labour. On séme le gland, en suivant la charrue. Attendu que nous parlons ici de terrains secs et brulans, il faut ne pas arracher les herbes parasites que voit paraître l'été suivant. Ces herbes entretiennent une fraîcheur bienfaisante ; elles rendent moins vive l'action du soleil. Pendant l'hiver, elles servent d'abri ; elles protégent les racines contre la gelée. Il ne faut donc ni soins, ni culture dans ces sortes de terres. — » J'en ai semé un grand » nombre d'arpens dans un sol de huit pouces de » profondeur, au-dessous duquel il y avait des » pierres, des cailloux et du sable , dit *Buffon* , et » j'ai réussi au-delà de mes espérances. Les racines » divisent une telle terre sans difficulté ; les pluies » et la rosée la pénètrent facilement. » — Ces sortes de terres veulent être labourées et semées avant l'hiver. En effet, si l'on ne séme qu'au printemps, la chaleur du soleil fait périr les graines ; et si l'on s'abstenait de labourer, l'herbe qui compose le gazon de ces terres légères ne serait ni assez garnie, ni assez épaisse pour garantir les plans de la gelée en hiver, et du soleil en été.

55. — *Buffon* dit ailleurs. — » Il faut semer, ou » planter des épines et des buissons dans le champ » qu'on veut meubler de bois. Ces buissons rom- » pent les vents. Ils sont des abris protecteurs des » jeunes plants contre l'ardeur du soleil, et contre

» la rigueur des frimas. Un terrain à demi couvert
» de génièvres et de bruyères est un bois qu'il faut
» regarder comme étant à moitié fait, et qui a dix
» ans d'avance, peut-être, sur celui qui serait établi
» dans un terrain net et cultivé. »

56. — Il faut une pratique toute différente pour
faire réussir un semis en *terre forte*. Un labour préliminaire est inutile et même nuisible. La meilleure
méthode est de planter les glands, à la pioche, et
sans culture préalable. Mais il ne faut pas les perdre
de vue, ni les abandonner à eux-mêmes, comme
on le fait des semis confiés à une terre légère. Il
faut, pour ceux en terres fortes, observer la marche
de leur accroissement. Il faut comparer la pousse
de la seconde année à celle de la première ; celle de
la troisième à celle de la seconde, et ainsi de suite.
Tant que l'accroissement se soutient, il faut laisser
agir la nature. Mais il arrivera très vraisemblablement que, vers la troisième année, l'accroissement
restera stationnaire, et sera comme nul : ce repos
spontané sera mieux marqué encore à la quatrième
année. Alors il faudra *receper* la plantation au mois
de mars ; ce sera sacrifier une année pour y gagner
beaucoup : voici comment, et pourquoi. Dans les
terres fortes, le sol trop compacte, et trop serré,
fait refouler les racines sur elles-mêmes. Le sujet
languit faute de nourriture ; les fonctions d'assimila-

tion demeurent suspendues , or, par l'effet du recepage , la séve isolée des conducteurs par lesquels
elle était ascendante , réagit de toute son action sur
les racines ; elle leur transmet la puissance de s'ouvrir de nouvelles routes ; elle leur donne la force de
pénétrer, de diviser cette terre que jusqu'alors elles
avaient vainement attaquée. Ainsi donc, plus la
terre sera compacte , plus il conviendra de receper
de quatre en quatre , ou de cinq en cinq ans , selon
que l'indiquera l'aspect des pousses.

57. — *Le recepage* est surtout nécessaire aux
plants , ainsi qu'aux bois qui ont été frappés de la
gelée. Cette opération convient également aux bourgeons qui ont été broutés, et dépouillés par *les
lapins* , si, néanmoins, ces bourgeons ont deux ou
trois ans d'âge ; mais le recepage est superflu si les
plants abroutis sont à leur première pousse. Il arrive,
dans ce dernier cas, que les rejetons dépouillés
meurent; mais il en reparaît d'autres plus vigoureux
que ne le seraient ceux repoussant sur les tiges
recepées. Il est opportun de recourir au recepage
jusqu'à deux, et même jusqu'à trois fois dans les
fonds épuisés par l'âge excessif des bois que l'on
vient d'y abattre. *Le charme , le frêne et le hêtre*
sont en danger de la dent des lapins jusqu'à 6 , et
même jusqu'à 7 ans ; mais le *chéne* et les autres
espèces sont hors de ce danger au bout de deux ou
trois ans.

58. — Les terres fortes sont, à profondeur égale, plus propres à porter de vieux bois que ne sont les terres légères.

59. — » Dans les *terres fortes et pétrissables*, » *dit Buffon*, une profondeur de deux pieds et » demi peut fournir du bois de 50 ans d'âge : celui » de 70 ans demande trois pieds et demi de pro- » fondeur ; mais si l'on veut avoir du bois de cent » ans, il faut quatre pieds et demi de très-bonne » terre.

60. — » Dans les terres légères et sablonneuses, » il faut deux pieds et demi de profondeur pour » élever du bois de 40 ans ; il en faut trois pieds et » demi pour couper à 60 ans ; il en faut quatre » pieds et demi, et au-delà, pour ne couper qu'à » 80 ans. »

61. — Les arbres qui poussent vigoureusement en bois, ont rarement beaucoup de fruits.

62. — Le repeuplement par les glands qui abondent au pied des chênes se réduit à peu de chose, à cause du manque d'air, du dégouttement des arbres, de la gelée, etc., etc. Les baliveaux de brin viennent dans les clairières où ils sont semés par les *geais*, par *les mulots*, et autres accidens du même genre. C'est ainsi que dans un terrain planté par *Buffon*, cet ingénieux observateur eut soin de placer, de distance à autre, de petits buissons dont les oiseaux

n'ont pas manqué de s'emparer ; et selon qu'il l'avait bien prévu ces oiseaux ont garni les environs d'une quantité de jeunes chênes.

63. — Le bois (de même nature, bien entendu) qui, dans le même terrain, croît le plus vîte, est le plus fort ; *et vice versa.*

64. — La force du bois est proportionnelle à sa pesanteur. Ainsi, de deux pièces rigoureusement égales en dimensions, la plus forte sera la plus pesante.

65. — Un nœud, à la face inférieure, et surtout à une des arrêtes d'une poutre, peut diminuer d'un quart la force de cette pièce.

66. — Le bois, du centre à la circonférence, et du pied de l'arbre à son sommet, diminue de pesanteur en proportion arithmétique, à peu près.

67. — L'aubier des arbres est d'autant plus pesant, et d'autant plus dense que les arbres sont plus vieux.

68. — Selon *Galilée*, il est de règle fondamentale, *quant aux solides*, que la résistance est en raison inverse de la longueur, en raison directe de la largeur, et en raison doublée de la hauteur. Or cette règle n'est applicable, *dans toute sa rigueur*, qu'aux solides absolument inflexibles, et de consti-

tution à rompre tout-à-coup. Mais, en ce qui touche la rupture des corps élastiques, tels qu'une pièce de charpente, par exemple, *Bernouilli* a démontré qu'une partie des fibres s'allonge, tandis que l'autre se raccourcit en se refoulant sur elle-même.

69. — Dans les pièces d'égale grosseur, la règle de la résistance en raison inverse de la longueur, s'observe d'autant moins que les pièces sont plus courtes.

70. — On augmente singulièrement la solidité, la force, et la dureté du bois, en écorçant l'arbre, selon les lois du *magnétisme; C. A. D. de haut en bas*, dans le temps de la séve, avant de l'abattre. Ce procédé est recommandé par *Vitruve*, dans son *Traité des forêts. Evelin* dit, ainsi que le docteur *Plot*, dans son *histoire naturelle*, qu'autour de *Haffon, en Angleterre*, on écorce les gros arbres, durant la séve, pour ne les abattre que pendant l'hiver suivant. Ils vivent sans écorce; le bois en devient bien plus dur, et d'un bien meilleur service, tellement qu'on ne remarque presque pas de différence entre le cœur et l'aubier. *Buffon* a expérimenté maintefois que l'aubier du bois écorcé est essentiellement plus fort que le cœur du chêne non écorcé : il a remarqué aussi que la partie extérieure de l'aubier est toujours la meilleure et la plus consistante. Cela se conçoit sans peine si l'on envisage

que la séve destinée à augmenter le diamètre de l'arbre, se trouve, par le fait de l'écorcement, resserrée dans de plus étroites limites. C'est au dernier terme de ces limites que s'exerce son action ; c'est là qu'elle agit sur la porosité ; c'est là qu'elle se distribue au profit du tissu réticulaire à la pesanteur duquel elle ajoute nécessairement. Or il est d'expérience, et nous avons dit (§. 64) que le bois le plus pesant est aussi le meilleur et le plus fort.

71. — Les *pins*, les *sapins*, et les *conifères*, en général, quand ils sont écorcés, trois ou quatre ans, avant d'être abattus, gagnent beaucoup en valeur comme en beauté. L'écorcement les rend bien plus propres à la mâture des vaisseaux, de même que l'écorcement du chêne le rend singulièrement propre à leur construction.

72. — Il résulte de ce qui précède que l'aubier des arbres écorcés cesse d'appartenir à la classe des bois imparfaits. Par l'écorcement, il acquiert, dans le délai d'un an, ou deux tout au plus, la force, la perfection et la solidité que, selon la marche ordinaire, il n'aurait acquises qu'en douze à quinze ans. Ce dernier délai est nécessaire, même dans les meilleurs terrains, pour transformer l'aubier en bois parfait. Au moyen de l'écorcement donc, un arbre de 40 ans sera, *seulement quant à la solidité*, capable du même service, et de la même

résistance qu'un arbre de 60 ans non écorcé. Dans tout état de cause, au reste, l'arbre de 60 ans sera toujours plus gros que celui de 40, puisque, selon *Duhamel* et *Varennes de Fenille*, le diamètre du chêne augmente de deux lignes et demi, moyen terme, par chaque année.

73. — Il faut, pour écorcer les arbres, choisir le moment où la séve est dans son plus grand travail. En effet, tous les canaux sont alors mieux développés et plus ouverts; la force de succion est plus active et plus intense. Les liquides circulent rapidement et sans obstacles; les tubes capillaires sont dans toute leur puissance d'amour et d'attraction : nous dirions presque que c'est l'*heure du berger*. Ce que l'écorce prendrait pour son compte, dans ce grand mouvement vital, tourne au profit de l'aubier qui se trouve immédiatement en contact avec toutes les impressions vivifiantes de l'air extérieur.

74. — Quand, au contraire, on veut procéder à l'écorcement hors du concours de la révolution séveuse, la nature est comme endormie; les effets que nous venons de décrire se développent mal, ou plutôt ils ne se développent point encore. Les liquides ne sont pas plus disposés à lubrifier les organes de la circulation que ceux-ci ne sont ouverts pour en recevoir l'influence : En un mot, l'écorce est adhérente au corps de l'arbre; elle résiste à s'en séparer.

75. — On peut admettre, comme règle générale, que tout bois, par son parfait desséchement, perd un tiers du poids qu'il avait au moment de son abattage.

76. — Ce n'est qu'au bout de 7 ans qu'un morceau de chêne a acquis sa siccité parfaite. Il est d'expérience qu'en 11 jours il est sec au quart : qu'en deux mois il est sec à moitié : qu'en dix mois il est sec aux trois quarts, et qu'enfin, sa siccité n'est complète qu'au bout de 7 ans. Ce qui précède, au surplus, ne doit s'entendre que d'une solive de 8 à 9 pouces ; mais il faudrait plus de 15 ans pour sécher parfaitement une pièce de 16 à 18 pouces d'équarrissage.

77. — Quand le bois est parvenu aux 2/3 de son desséchement, il redevient accessible à l'humidité de l'air. Il faut donc conserver, dans des magasins clos et couverts, le bois destiné aux ouvrages de menuiserie. L'augmentation de pesanteur que le bois sec acquiert, en repompant l'humidité de l'air, est proportionnelle à sa surface.

78. — La densité de l'aubier du chêne est à la densité du cœur de cet arbre comme 1 est à 15. L'imbibition de l'aubier de ce bois est aussi dans le rapport d'un à quinze avec l'imbibition du cœur, à volume égal.

79. — La dessication d'un morceau de bois dont la surface est double de celle d'un autre morceau, à volume égal d'ailleurs, se fait en deux ou trois fois moins de temps. — L'entier desséchement du bois égal en volume et triple en surface, s'opère en cinq ou six fois moins de temps.

80. — Le bois gardé dans son écorce avant d'être travaillé, aspire plus promptement et plus avidement l'humidité atmosphérique qu'il ne la prend lorsqu'il a été travaillé tout vert.

81. — Le bois, quand il est plongé dans l'eau, en prend, par imbibition, autant qu'il avait de séve, et un quart en sus. La différence en poids, de son parfait desséchement à sa complète imbibition, est dans le rapport de 3 à 5. En d'autres termes, un volume de bois qui ne pesera que 15 livres à l'état sec, en pesera 45 quand il aura séjourné dans l'eau pendant plusieurs années. Cela explique ce que nous avons dit du perfectionnement de qualité que le hêtre et le sapin reçoivent de leur imbibition.

82. Des expériences faites par *Buffon*, en 1751, 1752 et 1753, il résulte que le bois, lorsque son imbibition est entière et complète, subit, au fonds de l'eau, les vicissitudes atmosphériques. Il y est plus pesant, quand il pleut; il y est plus léger quand le temps est sec.

83. — Le bois plongé dans l'eau s'y imbibe bien plus promptement qu'il ne se dessèche à l'air. Selon *Buffon*, il ne lui faut que 12 jours pour reprendre, dans l'eau, la moitié de toute l'humidité qu'il avait perdue pendant sept années de desséchement.

84. — Le desséchement du bois n'en diminue pas sensiblement le volume. Celui de la sève est à celui des parties solides de l'arbre dans le rapport d'un à trois ; C. A. D. que celui-là est le tiers de celui-ci.

85. — De deux cubes de bois égaux entre-eux dont l'un est immergé dans l'eau douce, et dont l'autre est immergé dans l'eau salée, celui qui est plongé dans l'eau douce sera plus promptement imbibé que ne le sera celui qui est plongé dans l'eau salée.

TABLEAU

Qui exprime : 1.º ce que pèsent les pièces de 5 pouces d'équarrissage, depuis 7 jusqu'à 28 pieds de longueur ; 2.º le poids dont on les a chargées ; 3.º le temps qu'elles ont mis à se rompre ; 4.º leur courbure avant d'éclater.

LONGUEUR des pièces EN PIEDS.		POIDS des pièces EN LIVRES.	CHARGES en LIVRES.	Nombre des minutes depuis le premier éclat jusqu'à l'instant de la rupture.	FLÉCHE de la courbe AVANT D'ÉCLATER.	
					Pouces.	Lignes.
7	{	94	11775	58	2	6
		88 1/2	11275	53	2	6
8	{	104	9900	40	2	8
		102	9675	39	2	11
9	{	118	8400	28	3	»
		116	8325	28	3	3
		115	8200	26	3	6
10	{	132	7725	21	3	2
		130	7050	20	3	6
		128 1/2	7100	18	4	»
12	{	156	6050	30	5	6
		154	6100	30	5	9
14	{	178	5400	21	8	»
		176	5200	18	8	3
16	{	209	4425	17	8	1
		205	4275	15	8	2
18	{	232	3750	11	8	»
		231	3650	10	8	2
20	{	263	3275	10	8	10
		259	3175	8	10	»
22			281	2975	18	11	3
24	{	310	2200	16	11	»
		307	2125	15	13	6
28	{	364	1800	17	18	»
		360	1750	17	22	»

CHAPITRE IV.

DE L'INCENDIE DES BOIS, MOYENS D'EN ARRÊTER LES PROGRÈS, ET
D'Y ÉTEINDRE LE FEU.

86. — On attribue l'incendie des bois à diverses causes. Les uns croient que la bourre d'un fusil, en portant quelques étincelles sur la bruyère, ou sur les feuilles mortes, peut mettre le feu par un temps sec. Il faut regarder de tels accidents comme fort rares, s'il est vrai qu'ils ayent eu lieu quelquefois.

D'autres pensent que les rayons du soleil, convergés sur un glaçon isolé, peuvent enflammer la bruyère. C'est ainsi qu'en 1763, on a vu, en Angleterre, un physicien enflammer du papier, du linge, et d'autres matières combustibles, à sept pieds de distance, avec une lentille en glace, ayant deux pieds neuf pouces de diamètre, et cinq pouces d'épaisseur.

D'autres attribuent ces sortes d'accidens au fluide électrique. (La bruyère, quand elle est bien séche, est tellement inflammable, que cette conjecture peut bien ne pas être sans vraisemblance.) Dans la forêt d'Orléans, quelques contrées s'appellent encore

Brulis du tonnerre. En effet, lorsque l'équilibre est rompu, et lorsque l'atmosphère chargée positivement du fluide électrique, tend à se mettre en rapport avec la terre qui n'est chargée que négativement, la foudre peut frapper le réservoir commun sur un point garni de bruyères, ou même sur des arbres qu'elle brise, et qu'elle emflamme en même temps.

D'autres croyent, et peut-être avec raison, que des riverains intéressés à renouveler le pâturage de leurs bestiaux, mettent le feu à de vieilles bruyères d'où ils gagnent les bois contigus, soit par l'effet du vent, soit par l'imprévoyance des bruleurs.

D'autres, enfin, ont imaginé que les feux qu'allument les pâtres, dans la vue de se chauffer en gardant leurs bestiaux, occasionnent une grande partie des incendies (*). Quelle que soit, au reste, la cause de ces accidens, il faut une certaine intelligence, et surtout de la présence d'esprit pour choisir, parmi les moyens connus, celui qui est le plus propre à arrêter le feu, eu égard aux positions, et aux entours. Tel de ces moyens peut réussir dans une occasion qui ne réussira point dans une autre.

(*) Il est défendu de porter et allumer *feu* en quelque saison que ce soit, dans les forêts, landes, bruyères, tant du domaine que des particuliers, à peine de punition exemplaire, et d'amende (ordonnance de 166ʒ, titre 27, article 32).

Le concours des circonstances et du local doit en déterminer le choix.

87. — Le feu se communique rarement dans les bois dont le fonds est humide et gras. Presque toujours c'est dans les climats maigres et arides que se manifeste l'incendie, et qu'il se propage indéfiniment si les secours ne sont pas rapides, et bien concertés.

88. — Il y a plusieurs moyens d'arrêter les progrès des flammes. Le plus simple est de battre le feu avec de gros balais ajustés au bout de longues perches. Ce procédé, quelque commun qu'il paraisse, réussit souvent.

89. — Dans les incendies vifs et obstinés où ce moyen pourrait ne pas suffire, il faut préférer l'expédient des *contre-feux*. Etablir des contre-feux, c'est allumer des bruyères, et le bois, à quelque distance en avant du foyer de l'incendie, et parallèlement à la direction que lui imprime le vent. Le phénomène de l'attraction se développe entre ces deux feux parallèles. En se rapprochant l'un de l'autre, ils viennent se confondre dans un foyer intermédiaire, et s'y éteindre ensemble après avoir absorbé la colonne d'air qui se trouvait comprise entre-eux. Mais ce moyen est délicat à employer. Il exige de la prudence, de la méthode, et des notions

de physique qui ne se trouvent guères chez les riverains que l'on appelle au secours (*).

90. — Aux deux expédiens que nous venons
d'indiquer, on peut avec un succès presque certain
joindre celui de la *solution de continuité.*

91. — La solution de continuité s'opère par une
assez large tranchée que l'on pratique en enlevant,
avec des beches et des pioches, la superficie du
terrain, en retournant les gazons. Cette tranchée
oppose à la marche de l'incendie un surhaussement
de terre toute fraîche qui l'empêche de s'étendre au
delà. Cela s'explique de soi-même si l'on considère
que le feu, qui est ascensionnel de sa nature, procède toujours de bas en haut; qu'il ne se propage
jamais de haut en bas; et qu'il s'étend de proche en
proche en s'alimentant sur la superficie du sol, tant
que sa marche n'y rencontre pas l'obstacle insur-
montable d'une solution de continuité.

(*) Un arrêté du directoire exécutif, du 5 pluviose an 6
(25 déc. 1797) dispose que : » lorsqu'un incendie se manifestera
» dans la forêt d'Orléans, toutes les communes riveraines seront
» tenues, à la réquisition des gardes forestiers, de les aider à y
» porter secours, et arrêter le progrès du feu. »

CHAPITRE V.

DU DROIT DE PATURAGE DANS LES FORÊTS, ET DE SES INCONVÉNIENS.

92. — Nous avons annoncé (§. 22) quelques détails sur les graves conséquences du droit de pâturage ; nous allons aborder cette matière.

93. — Dans beaucoup de provinces, les riverains envoyent leurs bestiaux pacager dans les forêts. Des communes qui en sont limitrophes ont jadis obtenu des concessions qui établissent leurs droits à cet égard. Un arrêt du conseil du roi, du 22 octobre 1684, limite le nombre de ces bestiaux à *deux vaches et à quatre porcs, pour chaque ménage, sans égards, aucuns, à la qualité des personnes,* ce sont les termes de l'arrêt. Mais cet arrêt rendu trop tard n'a pas remédié au mal qui était fait par un arrêt antérieur, du 20 mai 1676 que nous ferons intervenir un peu plus loin.

94. — Lors des concessions de ces droits de pâturage, les forêts étaient immenses, et pleines de vie ; la population n'était, d'ailleurs, ni aussi nombreuse, ni aussi exigeante, à beaucoup près, qu'elle l'est devenue, surtout *depuis la découverte de la*

vaccine. Les villages et les établissemens ruraux n'avaient ni le nombre, ni l'étendue, ni l'importance qu'ils ont acquises depuis ces temps si reculés : sur telle métairie où l'on voyait autrefois de six à huit aumailles, on en compte aujourd'hui de trente à trente-six. Les encouragemens donnés avec raison aux prairies artificielles ont singulièrement concouru à cet accroissement d'animaux dont les seules forêts ont à souffrir sur beaucoup de points de localités.

95. — Quels que soient les motifs qui ont originairement déterminé à faire ces concessions, l'intention du donateur n'a pas été, elle n'a jamais pu être, d'introduire dans sa chose une cause de destruction plus ou moins prochaine. Mais, dira-t-on, l'échappée des bestiaux dans les *bois en defends*, constitue un délit prévu par la loi ; celui qui le commet est poursuivi devant les tribunaux. Poursuivi devant les tribunaux ! Qu'importe à la forêt mutilée ? La courageuse éloquence de *Voltaire* a-t-elle rendu *Calas* à sa famille éplorée ? Nous devons donc signaler ici la multiplicité sans bornes des bestiaux dont l'empiétement des colons, et dont l'indolence des officiers forestiers ont rendu nos bois tributaires. Les concessionnaires, au surplus, étaient soumis à des conditions qui n'ont point été remplies. Ils étaient astreints à déclarer le nombre et l'espèce de leurs bestiaux, avant d'user du bénéfice de la con-

cession. Ce nombre devait être réglé *par les fores-tiers*, eu égard à la productibilité des fonds. Chaque commune était tenue d'appliquer sa *marque particu-lière* sur la cuisse des bestiaux de son ressort. Le chemin, et la tournée desdits bestiaux devaient être désignés, pour chaque commune, par les agens locaux : aucune de ces conditions n'a été franche-ment exécutée. Les désordres sans nombre qui s'en suivent sont autant d'usurpations de la culture des champs sur la culture des bois ; or, ces usurpations ne cessent pas de s'étendre avec une tenacité scan-daleuse. L'arrêté du directoire exécutif, du 5 ven-démiaire an 6, a été impuissant pour réprimer un désordre si profondément, et depuis si long-temps enraciné.

96. — Cette cause particulière de destruction nous ramène à notre pensée dominante qu'*un corps spé-cial d'ingénieurs est seul capable de restaurer nos bois*, et de les arracher au prochain anéantissement auquel les abandonne une agence sans théorie ; une agence qui prend pour *pratique des forêts* ce qui n'est que le déplacement machinal des agens com-missionnés. Dans un corps de génie, le travail mar-che bien autrement qu'il ne peut marcher avec des instrumens aussi mal choisis qu'ils le sont dans notre service forestier. Il entre dans l'éducation et dans les habitudes d'un ingénieur de prévoir tout ce

qui est accessible à la prévoyance humaine. L'*ingé-nieur* donc saura prévoir que, tôt ou tard, le gou-vernement aura des mesures restrictives à prendre contre les abus du pâturage. L'*ingénieur* y préludera par le dénombrement des bestiaux de toutes espèces. qui se trouvent dans chaque établissement usager des forêts de son ressort. Ces états de dénombre-ment seront annexés aux plans dont nous aurons à parler plus tard, pour y recourir, au besoin, comme pièces de comparaison entre le présent et l'avenir.

97. Nous parlons *ex professo* des graves incon-véniens attachés au droit de pacage, parce que nos longues opérations, et nos recherches scrupuleuses sur l'immense forêt d'Orléans nous ont revelé com-bien lui a été funeste la concession faite autrefois de 1035 arpens, en faveur de plusieurs paroisses, à titre de pâtures pour leurs bêtes à laine, et pour leurs bêtes aumailles. Le commissaire nommé par le roi, pour procéder à l'opération, était si peu entendu, *comme répartiteur, qu'il a concédé 182 arpens 96 perches, au-delà de ce qu'il y avait de terrain disponible.* Nous l'avons géométriquement démontré dans un travail *ad hoc*, et ce travail a été ultérieure-ment réuni à notre *Traité des aménagemens, publié* en 1789.

98. — En tant que versé dans l'agronomie fores-tière, on va voir qu'elle était la capacité du com-

missaire délégué par le pouvoir. Ce commissaire,
dans son avis, estime que » tant les paroisses qui
» ont des droits que celles qui n'en ont point, doi-
» vent avoir la liberté d'envoyer paître leurs bêtes
» aumailles par toute la forêt, *à quatre ans et un*
» *mai*, et les chevaux après *trois ans :* et qu'à
» l'égard des bêtes blanches, sa majesté pourrait
» leur donner des lieux marqués *pour en jouir à*
» *toujours*, en commun usage, sans payer aucun
» nouveau cens, ni redevance. »

Pour apprécier les conséquences de l'avis qu'on
vient de lire, et de sa désastreuse latitude, il faut
savoir que les quarante-huit paroisses à qui s'appli-
quaient ces concessions composaient de 6 à 7,000
feux. Elles possédaient de 17 à 18,000 bêtes aumailles; plus de 32,000 bêtes à laine; plus de
2,700 chevaux. Elles payaient 90,000 livres de
taille. Si tel était le dénombrement des bestiaux
en 1676, il a dû s'accroître, depuis, en raison de
ce que la population s'est augmentée, de ce que les
établissemens sont devenus plus nombreux, et de
l'extension qu'a reçue le commerce. Si donc le fisc
a gagné quelque chose par l'accroissement de l'impôt, il l'a perdu au centuple par l'irréparable et
scandaleuse dévastation de la forêt.

99. Pourra-t-on croire que, dans une forêt si
maigre, et d'une végétation si laborieuse que l'est
celle d'Orléans dont nous parlons ici, on a livré à

la voracité d'une myriade de bestiaux des repousses de trois et de quatre ans? Pourra-t-on croire que, dans le siècle si vanté de Louis XIV, un avis aussi hautement réprouvé par le sens commun que celui ci-dessus relaté, a reçu son *exequatur* par arrêt du conseil du 20 mai 1676? reconnaissons donc que, sans avoir la clef des subdivisions, et des détails dont se compose un tout ensemble ; que sans tenir le fil qui empêche de se fourvoyer dans le vague indéfini des généralités ; que *sans avoir préalablement reçu une éducation appropriée aux devoirs à remplir*, il n'est pas possible de manier méthodiquement, et avec succès, une série d'affaires toutes de combinaisons et de calculs. Sur quelqu'argumens apologétiques que les agens forestiers, anciens et modernes, se puissent appuyer, ils ne prouveront jamais, *non jamais*, que les forêts du pays n'ont pas souffert, sous leurs yeux, et dans leurs mains, une dévastation, P. A. D. légale, avec une incroyable diminution de contenance. *L'ordre public veut que l'on veille à cela comme on veille à ce que le premier venu n'exerce pas la medecine, ou la pharmacie.*

100. — A l'appui de nos remontrances, jetons un coup d'œil sur les moyens récupérateurs que l'administration oppose à la pressante gravité du mal. *Mettons en présence le dédommagement et le dommage.*

101. — Antérieurement à la restauration, l'administration forestière rendit, au gouvernement de l'époque, le compte de sa gestion, ainsi que du budget de ses dépenses. Voici ce qui résultait de ce compte officiel.

102. — Dans une année, il avait été semé ou planté 1185 hectares. C'est assurément bien peu de chose, eu égard à la rapidité avec laquelle marche la dépopulation de l'espèce. Nous avons établi (*avant-propos*) que les forêts du royaume subissent une perte annuelle et foncière de 13,223 hectares : donc l'administration, en ne repeuplant que 1,185 hectares (encore les repeuple-t-elle tous les ans) reste, en dessous de 12,038 hectares par année.

103. — La même administration annonçait avoir concédé, pour un temps limité, 3,386 hectares, à la charge de les rendre ensemencés au terme de la jouissance. Or, tous les économistes savent que des marchés de la sorte fourmillent de difficultés ; que, lu plupart du temps, ils ne s'exécutent qu'au profit des preneurs ; et qu'enfin, dans l'espèce, la responsabilité de ceux-ci ne peut pas être mise en balance avec les besoins d'une nation populeuse dont les regnicoles sont, de l'heure qu'il est, réduits à *moins de neuf pieds cubes de bois par an*, pour chauffage, coction d'alimens, constructions nouvelles, et réparations de tous genres, ainsi que nous l'établirons ci-après.

104. — Cette administration disait avoir fait faire 2,710 hectares de recépages! *dans la seule forêt d'Orléans*, il y en aurait à faire beaucoup plus que cela. Ils y sont commandés par une urgence que démontre à l'œil exercé le mauvais était de sa superficie.

105. — Elle annonçait, enfin, avoir aménagé 142,327 hectares. *Tant pis*, osons le dire, *tant pis*, car il est permis de croire que l'administration ne connaissait que par *à peu près* ce qui constitue un aménagement, *puisque la définition n'en avait pas encore été bien posée pour elle*. Cela est si vrai que l'instruction dans laquelle elle définit, *à sa manière*, ce qu'elle appelle un aménagement ne date que du 7 juillet 1824. — » L'expérience a » démontré, dit cette administration, que, pour ob- » tenir, tant des agens forestiers que des géomètres, » des travaux exacts et réguliers, il était nécessaire » de réunir dans un seul et même cadre les princi- » pes et les règles qu'ils ont à suivre : c'est l'objet » de la présente instruction, et des modèles de » plans et d'actes qui s'y trouvent annexés. » *Mieux vaut tard que point du tout*, sans doute ; mais quoiqu'il en soit du dessein manifesté par l'administration de *réunir dans un seul et même cadre les principes et les règles qui sont à suivre*, l'instruction précitée est fort loin de tenir ce qu'elle promet. On n'y voit briller ni la science des idées, ni la science

d'exécution. *En ce qui concerce les productions alimentaires*, l'industrie, la pratique et les perfectionnemens, même, sont au niveau de l'état des lumières; mais, *sous le rapport de la culture des bois, combien ne sommes-nous pas en arrière !* Les préposés d'aujourd'hui sont-ils mieux d'accord que ceux d'autrefois sur les principes, et sur les conditions de la *science forestière* ? Cette question nous conduit à supposer, pour un moment, la réunion de tous ces agens sur un seul point, *comme le sacré collége se réunit en conclave pour l'élection du saint père.* Dans cet état d'isolement, dans cet état *où chacun ne pourrait prendre conseil que de ses propres et personnels moyens* , appuyés sur les instructions émanées de l'administration centrale, tous auraient à coucher par écrit une *définition de la science forestière*, et surtout l'*exposé des devoirs à remplir dans leurs grades respectifs.* Si le résultat de ce concours instantané, si cette liasse de définitions était soumise *à l'examen de la société royale et centrale d'agriculture*, cette illustre compagnie, si riche de *savoir* et d'émulation, verrait très-probablement sortir de l'épreuve le *tot capita tot sensus* dans sa plus large comme dans sa plus significative acception : Elle verrait ce que tout le monde peut sentir beaucoup mieux que nous ne saurions l'exprimer. Nous reviendrons (§§. 157 et 158) sur les instructions qui régissent cette branche si importante du service public.

7

106. — Quand on examine froidement l'ancienne et la nouvelle machine forestière ; quand on rapproche les œuvres de celle-là des chances de celle-ci ; quand on fait abstraction des personnes, individuellement très-honorables par leur position sociale, pour ne statuer que sur la dose comparative d'aptitude et d'idonéïté, *on ne trouve, ni dans l'un, ni dans l'autre système, les garanties suffisantes.* Avant et depuis la révolution de 1789, *les agens forestiers de tout grade ont été débordés par les exigeances d'un service qu'ils n'ont point appris à comprendre ;* dont ils n'ont jamais envisagé que *l'argent à verser au trésor*, et qui est au-dessus de leurs forces *avec une évidence impossible à méconnaître.* Dans l'ancien régime, la vénalité des charges avait placé nos forêts sous *l'arbitraire du hazard;* les protecteurs et les importuns les y maintiennent aujourd'hui ; et *la révolution de 1830 n'a rien fait encore pour délivrer notre belle patrie de cette ruineuse calamité.* On serait tenté de rappeler, à tant de forestiers sans instruction, ce précepte d'Horace :

> Sumite materiam vestris, qui scribitis, equam viribus !

Un proverbe a dit : *au vigneron la vigne.*

Nous ajouterons, avec une intime et profonde conviction :

A DES INGÉNIEURS-FORESTIERS LES FORÊTS !!! (*)

____

(*) Toutes les fois qu'une branche d'administration réclame

CHAPITRE VI.

ÉLÉMENS DE LA SCIENCE ET DE L'ÉCONOMIE FORESTIÈRE.

107. — Comme toutes les autres sciences, la science forestière est soumise à des principes fondamentaux, et à des règles générales. Mais, dans l'espèce, l'application de ces règles et de ces principes se modifie *en raison des localités*. La science forestière fait très-essentiellement partie *des sciences agricoles*. Elle en est une branche fort importante.

108. — Les physiciens admettent que tous les corps, en général, ont été, plus ou moins anciennement, à l'état liquide. *Les pierres*, par exemple, ont

l'application des sciences physiques et mathématiques, il est indubitable qu'il faut placer *à la tête du service*, comme dans le service lui-même, des *hommes d'ensemble*, des *hommes spéciaux*. L'application à faire des sciences exactes est un signe patronymique qu'il faut là le *si fortè virum quem.* Sans MM. *Chappe, la télégraphie* ne serait jamais devenue ce qu'elle est aujourd'hui. Les ingénieux perfectionnemens qu'ils ont introduits dans la théorie, comme dans la pratique de ce rapide moyen de communication *dont on leur est redevable*, rendront toujours leur nom cher et recommandable aux savans de tous les ordres dont la noble mission est d'illustrer le pays, d'éclairer les hommes, et d'agrandir le domaine de l'intelligence. *le nom* CHAPPE *est devenu européen.*

été primitivement dans une sorte d'état de dissolu-
tion puisque, dans leurs masses, il se rencontre des
corps dont l'organisation, *animale* ou *végétale*, a dû
nécessairement précéder la formation. De ce système
il résulte qu'un arbre n'est aux yeux de la science,
que l'*aggrégation de certaines molécules qui na-
geaient auparavant dans l'atmosphère. Buffon*, de
son côté, dit que : » de la réunion des molécules
» vitales organiques, renvoyées de toutes les parties
» du corps de l'animal, ou du végétal, se fait la
» réproduction semblable à l'individu qui l'a pro-
» duit. » *Castillon* dit, enfin, que » la théorie de
» la génération est la pierre philosophale de la
» physiologie. »

109. — Sans prendre les choses d'aussi loin, nous
admettrons que le *principe vital est aussi habile
chimiste que parfait mécanicien* ; nous nous appuie-
rons sur les préceptes de la physiologie végétale,
et, dans le cercle que nous allons parcourir, nous
aurons à considérer *l'arbre sur pied*, comme étant
composé de couches *concentrico-verticales*. Chaque
couche est un assemblage de tubes coniques et capillaires qui servent de conducteurs à la sève pour
se porter depuis les racines jusqu'à la sommité des
plus petites ramicules. Chaque année voit se former
une couche nouvelle superposée à celle de l'année
précédente. L'épaisseur de ces couches successives
ajoute progressivement au diamètre de l'arbre.

Quand il est abattu, le nombre de couches, ou cercles concentriques, manifesté par sa coupe, exprime son âge.

110. — Dans les vallées, et dans les terrains humides, le bois a belle apparence, mais il a peu de densité, et les couches corticales ne donnent que des produits imparfaits. Il est, à volume égal, moins pesant, et moins roide que celui qui pousse dans les terrains secs et graveleux. A mi-côte, le bois vient et vaut mieux, toutes choses égales d'ailleurs : il est moins élastique et moins souple que celui des vallées, comme il est moins dense et moins cassant que celui des hauteurs.

111. — Dans le bon fonds, le bois s'étend et gagne sur la plaine : dans le mauvais terrain, la plaine gagne sur le bois : dans un terrain médiocre, les choses demeurent *in statu quò*.

112. — Le *feuillé* des arbres retient plus long-temps l'eau de pluie au printemps qu'en automne, parce qu'*au printemps* la feuille a la forme d'une cuiller, et qu'elle est gondolée ; tandis qu'*en automne* elle est plate, épanouie, et que son évasement l'empêche de retenir l'eau pluviale. On peut donc observer avec fruit l'époque plus ou moins rapprochée de cet épanouissement. On peut, jusqu'à un certain point, en conclure la qualité du

fonds de terre comparativement à celle du fonds
des climats voisins. En effet une feuille applatie,
une feuille dont l'épanouissement a eu lieu plus
rapidement ici que là, témoigne que la terre y est
moins féconde et moins propre à la végétation ligneuse. Nous avons souvent remarqué que les hauteurs et grosseurs comparées du bois, dans deux
localités distinctes, concordaient avec la physionomie du *feuillé*, et qu'une observation venait à l'appui de l'autre.

113. — Le terrain productible d'un bois quelconque n'a qu'une profondeur limitée au-delà de
laquelle les racines ne pénètrent point. Si l'on veut
pousser du bois jusqu'à 40 ans d'âge sur un sol qui
n'a qu'un pied et demi de bonne terre, on s'expose
à tout perdre. Quand les bois ont atteint la mesure
de croissance que comporte la qualité du sol, ils ne
profitent plus, ils languissent ; le fonds se fatigue et
finit par s'épuiser. C'est ce qui est arrivé, c'est ce
qui arrive encore dans la plupart des forêts du
royaume.

114. — On ne trouve guères que du taillis entre
les mains de simples particuliers qui, en général,
se trompent rarement sur le mieux de leur intérêt.
Il est dans la nature qu'on s'applique moins à faire
prospérer la chose confiée qu'on ne le ferait de sa
propre chose. Mille détails échapperont à un agent

préposé, quelqu'homme de bien qu'il puisse être, mais rien ne fuira à l'œil du maître. Or, dans l'espèce, *l'œil du maître* ne peut être suppléé *que par la spécialité du talent ; que par un corps de génie fortement constitué.*

115. — Beaucoup de propriétaires coupent leurs bois à 15 ou 16 ans, c'est l'âge indiqué, pour les taillis, dans les mémoires adressés à l'académie, par *Buffon* et *Réaumur*, en 1721 et en 1739. Mais on croirait pécher contre l'étiquette si l'on procédait ainsi dans les forêts de l'État. Dans celles-ci, l'on use souvent, à 30 et à 40 ans d'âge, ce qui devrait l'être de 15 à 20. On sait fort bien que si, dans un temps donné de 40 ans, on coupait deux fois, au lieu de ne couper qu'une, le fonds conserverait sa vigueur ; que l'on ne compromettrait pas l'avenir, et que, même, on aurait quelque chose à gagner sous le raport du produit annuel ; mais on glisse sur ces considérations pour se cramponner aux vieux erremens.

116. — Nous ne prétendons pas dire qu'il faille couper à 15 ans ce qui peut aller jusqu'à 25 ou 30 ; ce serait passer d'un extrême à l'autre ; mais si l'un de ces deux excès était inévitable (ce qui n'est pas) il y aurait moins de risques, pour la conservation de l'espèce, à couper un peu trop jeune, qu'il n'y en aurait à couper un peu trop vieux. Si, surtout, il

s'agissait d'un fonds de terre épuisé de longue main
par des usances trop reculées, la prudence exigerait
du rajeunissement. C'est dans des cas semblables
qu'il faut employer le *recepage* comme puissant
moyen de régénération (§. 56).

117. — Nous savons très bien que c'est des forêts
de l'état qu'il faut attendre des bois d'échantillon
autant beaux que possible ; mais ce ne doit jamais
être aux dépends du sol, ni contrairement à l'autorité des chiffres. Par exemple, *la forêt de Russy*
(Loir et Cher) s'exploite à 220 ans, âge excessif
auquel le bois n'a pas plus de valeur intrinséque
qu'il n'en avait à 150 ans. Des observateurs, des
forestiers praticiens nous ont assuré que, d'après le
mode d'usance de cette forêt, il y a de 60 à 70
feuilles, en pure perte pour le trésor, et pour l'utilisation du terrain.

118. — On croit avoir tout fait quand on a borné
ses bois: quand on les a fait diviser par coupes réglées, et lorsqu'en vendant, à chaque exercice, la
quantité arrêtée, on imagine s'être assuré des revenus fixes. Tel est le cercle étroit dont nos successives
administrations forestières n'ont jamais pu sortir.
Telle est la dangereuse et funeste sécurité dans
laquelle on *somnambulise* le gouvernement. Dans
l'état de progressive dégénéressence où sont tombées les forêts du royaume, une implacable fatalité

se déchaîne contre elles : on méconnaît ouvertement leur haute importance. Cependant, dans son brillant exposé des motifs du projet de *Code forestier*, M. *de Martignac* a dit : » Tous les besoins de la vie » se lient à la conservation des forêts : l'agricul- » ture, l'architecture, presque toutes les indus- » tries y cherchent des alimens et des ressources » que rien ne pourrait remplacer. C'est dans les » forêts que le commerce trouve ses moyens de » transport et d'échange : les gouvernemens en » attendent les élémens de leur sûreté comme de » leur gloire. Elles exercent sur l'atmosphère une » heureuse et bienfaisante influence. Leur destruc- » tion est souvent devenue, pour les pays qui en ont » été frappés, une cause prochaine de calamité, de » ruine et de décadence. Leur dégradation, leur » réduction au-dessous des besoins présens et à » venir est un malheur qu'il faut prévoir, une catas- » trophe qu'il faut prévenir. C'est une de ces fautes » que rien ne saurait excuser, et qui ne se reparent » que par des siècles de privations et d'efforts. » Tant qu'on ne saura pas consulter la capacité des fonds ; tant qu'on ne saura pas mettre l'âge des cou- pes en coïncidence avec l'épaisseur du lit de terre dont le bois doit recevoir ses moyens d'assimilation, on ne fera qu'assujétir nos forêts à une dégradation progressive dont la génération à venir recueillera les fruits amers.

Aux puissantes considérations exposées par le noble orateur dont nous venons de citer les paroles, nous ajouterons que, si l'aliénation de 3oo,ooo hectares de forêts autorisée par la loi du 25 mars 1831, n'est pas organisée, conduite et surveillée avec *plus de lumières, de soins, de mesure et de dévouement à la chose publique* qu'on ne l'a fait dans la précédente aliénation de 15o,ooo hectares, les adjudications auxquelles on va procéder, de nouveau, seront moins une opération de finances qu'une spéculation de bande noire. Nous ferons observer aussi, et nous ne saurions trop insister sur cela, que, *si le pouvoir laisse aux acheteurs la liberté de défrîcher, d'arracher, et de convertir en terres arables les fonds aujourd'hui plantés en bois*, la France sera bientôt tributaire de l'*étranger*, et qu'elle sera réduite à lui demander, au poids de l'or, le bois que lui refusera son propre sol. C'est dans le passé que le présent doit puiser de salutaires leçons : l'expérience n'est sans fruit que pour les fous. Disons donc ce qui est arrivé des adjudications déjà faites en vertu de la loi du 25 mars 1817; ces adjudications ont prouvé combien étaient *inhabiles ou infidèles* les agens du gouvernement : QU'ON LISE, ET QU'ON JUGE.

Un propriétaire de la *Sarthe* s'est rendu adjudicataire, moyennant 100,000 francs, d'une partie de bois dont la superficie seule lui en a produit *cent dix mille.* Sa spéculation lui a donc valu la propriété du sol , plus un *boni* de 10,000 frans en espèces sonnantes.

Les forêts aliénées dans *Seine et Oise* ont généralement été vendues fort au-dessous de leur valeur. Par exemple : le prix d'adjudication des bois de *Hautes-Bruyères*, des bois d'*Habbecourt*, et autres, a été acquitté, à très peu près, avec l'argent retiré de la futaie sur taillis : en d'autres termes , et *sans bourse délier*, les acquereurs se sont trouvés propriétaires des fonds, ainsi que des taillis dont ils étaient meublés.

La forêt de l'Ouïe a été vendue à un quartier-maître-trésorier aux anciens gardes du corps, compagnie de Noailles , à un prix tellement inférieur qu'ayant conservé cette forêt en nature de bois, pour en jouir en bon père de famille, sa mise de fonds lui produit 8 pour %. Elle lui produirait bien davantage encore si M. *Jaquelin*, alors inspecteur à Versailles , n'avait pas eu la vertueuse énergie de s'expliquer vertement, et de se pourvoir, même , contre la trop basse et dérisoire estimation qu'en avaient faite les experts de la régie des domaines et de l'enregistrement.

Dans les *Hautes-Pyrennées*, un bouquet de futaie de 4,500 pieds d'arbres a été vendu 37,500 francs. Croira-t-on que les agens de la marine royale ont contre-acheté de l'acquéreur la majeure partie de ces mêmes arbres, moyennant la somme de 60,000 fr. ?

Le spéculateur a donc eu de *bénéfice clair et net, le fonds d'abord*, puis *la somme de* 22,500 *francs-écus* : Le gouvernement a donc racheté, *moyennant* 60,000 *francs*, et de la main à la main, P. A. D., une seule portion de ce que ses mandataires *venaient de donner pour* 37,500 *francs* !!!

C'EST UN GRAVE MANDAT QUE CELUI D'ALIÉNER 300,000 HECTARES DE FORÊTS NATIONALES !!! pour le remplir avec convenance, succès et dignité, deux choses sont indispensables, LE **VOULOIR** ET LE **POUVOIR**. Nous dirons plus loin comment l'estimation des forêts qui vont être vendues se trouve confiée *à des agens qui ne peuvent que vouloir*, MAIS QUI NE SAVENT PAS POUVOIR ; à des agens dont *on n'exige aucune garantie d'aptitude, aucune preuve de compétence.* Il faut se persuader que les forêts sont une énigme dont fort peu d'agens forestiers de notre époque sont aptes à trouver le mot. Avant, comme depuis l'explosion de 1789, ces agens, infiniment honorables d'ailleurs, mais toujours mal appropriés au service, *prennent le raisonnement pour la raison. Le gros clou de la nécessité les attache à la routine, parce que la routine est le guide naturel de l'incapacité.* Tant que leur élection sera soumise à de frivoles caprices ; tant qu'ils auront à passer (ainsi que celà s'est vu souvent) *sous les fourches caudines de la tartufferie*, le service forestier sera dans une perpétuelle enfance. On n'y remar-

quera point ce noble désintéressement, cette chaleur de conviction, ces *pensées pleines* devant lesquelles viennent se résoudre toutes les difficultés. Le
travail s'y réduira toujours à un échange de mots,
(*sunt verba et voces, prœtereaque nihil*) mais *la
connaissance des mots ne constitue pas la science
des choses.* La méthode et *le savoir* sont seuls capables d'émanciper nos bois. *Seuls ils pourront les
affranchir des tâtonnemens et du charlatanisme
dont ils ont tant à souffrir.*

119. — A partir de son état de bourgeons, le bois
croît graduellement pendant un certain nombre
d'années. C'est en se renfermant dans les limites de
cette croissance, sans jamais en sortir, que le produit en argent est *tout ce qu'il peut et doit être,
tout ce que la nature veut qu'il soit.* C'est avec cette
mesure de discrétion, *et seulement par elle*, que le
sol demeure conservé dans toute sa vigueur, et dans
toute sa puissance de réproduction.

120. — Voici l'idée que l'on peut se faire du
développement des bois, et de la marche de leur
assimilation.

Ce n'est qu'à l'âge de quatre ans que l'on peut
compter les bourgeons pour quelque chose, et que
leur produit peut balancer les frais de leur recepage.

Non seulement les bourgeons d'un an ne peuvent

fournir aucune marchandise, mais il faut admettre que, pour les receper, il en coutera 9 francs par arpent. A deux ans, il n'en coutera que 6 francs : à trois ans, il n'en coutera que 3 francs ; mais, à quatre ans, il n'en coutera plus rien, attendu que le bourgeon de quatre feuilles fournira du menu liage capable de couvrir les frais. Depuis un an jusqu'à quatre, il y a donc *progression négative et décroissante*. Elle est négative puisque, pour exploiter les bourgeons, il y a de l'argent à débourser : elle est décroissante puisque l'exploitation coutera de moins en moins.

121. — Nous supposons qu'à 5 ans d'âge, le bourgeon d'un arpent vaudra 10 francs : qu'à 6 ans, il en vaudra 20 : qu'à 7 ans, il en vaudra 30, et ainsi de suite, tellement que, dans notre hypothèse, l'argent âgé de 16 ans vaudra 120 francs. Voilà ce qui peut être vrai d'un bois coupé assez jeune, et assez à-propos, pour ne subir ni retard, ni perturbation dans son accroissement. *Mais la progression que nous venons d'établir ne s'appliquerait point à des bois outrés d'âge, et malvenans.*

122· — La nature a besoin de repos : pendant l'hiver elle est comme engourdie ; *c'est l'image du sommeil qui délasse l'homme de l'exercice du jour.* Quand on coupe un bois âgé de 60 ans, ses dernières pousses ont exigé des efforts bien au-dessus de ceux auxquels avaient donné lieu ses premiers jets. Mais bientôt il va y avoir compensation , dans ce sens que la sève va n'avoir à nourrir que des bourgeons nouveaux. Ils se montreront en grand nombre sur la même souche, il est vrai , mais quelle que soit leur quantité , ils ne consommeront pas , à beaucoup près , autant de parties nutritives que venaient d'en absorber les précédens taillis pour croître de hauteur et de grosseur jusqu'à 60 ans d'âge. C'est ainsi que le sol se délasse , et qu'au moyen de ce repos alternatif, il conserve dans toute leur plénitude ses moyens de fécondité. On ne peut donc pas dire que la progression suivant laquelle s'opère l'accroissement d'un arbre, ou d'une souche de taillis , soit, à proprement dire, une progression arithmétique. On conçoit que , de 6 à 7 ans, la capacité des tubes ligneux est beaucoup moindre que celle des mêmes tubes à l'âge de 16 et 17 ans. L'appétence de ceux-ci surpasse de beaucoup l'exigeance de ceux-là. Il y a , au reste , tant de caprices et tant de variations insaisissables dans l'action mystérieuse des molécules constitutives de la végétation , que l'on ne saurait en considérer la marche comme étant soumise à des règles fixes que puisse prendre sur le fait un calcul rigoureux.

123. — Nous allons supposer maintenant que le sol suffisamment reposé a recouvré son ancienne vigueur. Nous allons admettre que l'arpent dont

nous avons parlé tout à l'heure, comme augmentant de 10 francs par an, depuis 4 ans jusqu'à 16, profitera de 20 francs par an depuis 17 ans jusqu'à 25.

124. — Nous admettrons, enfin, que pendant la période de 17 à 25 ans, le travail des souches est peu de chose comparativement aux efforts qu'elles auront à faire depuis 25 jusqu'à 30. En considération, donc, de ce que, pendant cette dernière période, la nature développera ses moyens avec encore plus de puissance et d'énergie qu'auparavant, nous supposerons que l'arpent de superficie profitera de 30 francs par année, pendant ce dernier intervalle de 25 à 30 ans.

Ceci posé, nous allons exprimer, sous la forme de tableaux figuratifs, ces diverses progressions. Pour l'intelligence de ces tableaux, on peut voir l'explication des signes algébriques, page xxviij.

1.er TABLEAU de la progression des bois, depuis l'âge de 5 ans jusqu'à celui de 16. La raison ou différence additionnelle de cette progression sera le nombre 10, puisqu'on y suppose qu'à 5 ans, l'arpent vaut 10 francs, et qu'il profite de 10 fr. par an.

PRIX DE L'ARPENT divisé PAR L'AGE DU BOIS.	VALEUR de la feuille à chacune des années de l'âge du bois.	DIFFÉRENCE du prix de la feuille d'une année à l'autre.
$\frac{\text{10 francs}}{\text{5 ans}} =$	2 »	
		de 5 à 6 ans 1 33
$\frac{\text{20 francs}}{\text{6 ans}} =$	3 33	
		de 6 à 7 ans » 95
$\frac{\text{30 francs}}{\text{7 ans}} =$	4 28	
		de 7 à 8 ans » 72
$\frac{\text{40 francs}}{\text{8 ans}} =$	5 »	
		de 8 à 9 ans » 55
$\frac{\text{50 francs}}{\text{9 ans}} =$	5 55	
		de 9 à 10 ans » 45
$\frac{\text{60 francs}}{\text{10 ans}} =$	6 »	
		de 10 à 11 ans » 36
$\frac{\text{70 francs}}{\text{11 ans}} =$	6 36	
		de 11 à 12 ans » 30
$\frac{\text{80 francs}}{\text{12 ans}} =$	6 66	
		de 12 à 13 ans » 26
$\frac{\text{90 francs}}{\text{13 ans}} =$	6 92	
		de 13 à 14 ans » 22
$\frac{\text{100 francs}}{\text{14 ans}} =$	7 14	
		de 14 à 15 ans » 19
$\frac{\text{110 francs}}{\text{15 ans}} =$	7 33	
		de 15 à 16 ans » 17
$\frac{\text{120 francs}}{\text{16 ans}} =$	7 50	

II.ᵉ **TABLEAU** de la progression des bois, depuis 17 jusqu'à 25 ans. La raison ou différence additionnelle de cette progression sera le nombre 20, puisqu'on y suppose que le bois profite de 20 francs par an, et qu'il vaut 140 francs, à partir de 17 ans.

PRIX DE L'ARPENT divisé PAR L'AGE DU BOIS.	VALEUR de la feuille à chacune des années de l'âge du bois.		DIFFÉRENCE du prix de la feuille d'une année à l'autre.
$\frac{140 \text{ francs}}{17 \text{ ans}} =$	8	23	
			de 17 à 18 ans » 65
$\frac{160 \text{ francs}}{18 \text{ ans}} =$	8	88	
			de 18 à 19 ans » 59
$\frac{180 \text{ francs}}{19 \text{ ans}} =$	9	47	
			de 19 à 20 ans » 53
$\frac{200 \text{ francs}}{20 \text{ ans}} =$	10	»	
			de 20 à 21 ans » 47
$\frac{220 \text{ francs}}{21 \text{ ans}} =$	10	47	
			de 21 à 22 ans » 43
$\frac{240 \text{ francs}}{22 \text{ ans}} =$	10	90	
			de 22 à 23 ans » 40
$\frac{260 \text{ francs}}{23 \text{ ans}} =$	11	30	
			de 23 à 24 ans » 36
$\frac{280 \text{ francs}}{24 \text{ ans}} =$	11	66	
			de 24 à 25 ans » 34
$\frac{300 \text{ francs}}{25 \text{ ans}} =$	12	»	

III.ᵉ ET DERNIER TABLEAU de la progression des bois depuis
26 jusqu'à 30 ans. La raison ou différence additionnelle de cette
progression sera le nombre 30 , puisqu'on y suppose que le bois
profite de 30 francs par an, et que, dèslors, l'arpent âgé de 26
ans vaut 330 francs.

PRIX DE L'ARPENT divisé PAR L'AGE DU BOIS.	VALEUR de la feuille à chacune des années de l'âge du bois.		DIFFÉRENCE du prix de la feuille d'une année à l'autre.
$\dfrac{\text{330 francs}}{\text{26 ans}} =$	12	69	
			de 26 à 27 ans » 64
$\dfrac{\text{360 francs}}{\text{27 ans}} =$	13	33	
			de 27 à 28 ans » 59
$\dfrac{\text{390 francs}}{\text{28 ans}} =$	13	92	
			de 28 à 29 ans » 56
$\dfrac{\text{420 francs}}{\text{29 ans}} =$	14	48	
			de 29 à 30 ans » 52
$\dfrac{\text{450 francs}}{\text{30 ans}} =$	15	»	

125. — Les tableaux qui précèdent font voir que les bois récemment coupés croissent de plus en plus chaque année, pendant un temps qui varie en raison de la qualité du sol. On y remarque aussi que plus le bois prend d'âge, que plus il marche vers sa maturité, moins grande est la différence du produit d'une année au produit d'une autre année. Ainsi donc, plus on laisse approcher le bois de son maximum en croissance, plus on y gagne (le fait est mathématiquement vrai, comme on vient de le voir); *mais il faut savoir s'arrêter à propos.* Dans l'intérêt du terrain, et pour en prévenir l'épuisement, *il faut le couper un peu avant sa maturité parfaite.* Le 1er des trois précédens tableaux met en évidence que si la valeur de la feuille s'élève progressivement depuis 2 fr. jusqu'à 7 fr. 50 c., dans la période de 5 à 16 ans, la différence des feuilles d'une année à l'autre (durant la même période) est décroissante depuis 1 fr. 33 c. jusqu'à 17 c. Il est donc bien démontré que plus le bois prend de prix et de valeur sur pied, plus petite est la différence d'une année à l'autre. Quand cette différence devient égale à zéro, le bois est au *nec plus ultrà* de son accroissement. Il demeure stationnaire aussi long-temps qu'il peut trouver en lui-même des moyens de conservation individuelle. Mais dès que ces moyens viennent à lui manquer, il marche vers son déclin *en suivant une progression décroissante dont les différences deviennent ascendantes.*

126. — Les considérations que nous venons d'exposer sont *sacramentelles dans l'espèce*. Elles doivent être l'objet des recherches et des études de quiconque a la noble ambition de *bien faire* , de quiconque veut être autre chose qu'une *machine agissante*. Il faut avoir la volonté bien prononcée de se livrer méthodiquement aux études que nous venons d'indiquer, comme à celles que nous indiquerons encore : Il faut le faire avec une infatigable persévérance, *nous dirions presqu'avec une âme exaltée*, sur le terrain de chaque forêt. C'est la condition *sine quâ non* d'un honorable succès. Il faut, pour obtenir une distinction qu'on ne doive qu'à soi-même, fuir la contagion de la mollesse, de l'indolence et de la *philantie*. Les recherches, les annotations locales dont nous venons de parler, doivent, ensuite, être comparées avec les anciennes opérations tant des ci-devant maîtrises, que de l'administration qui les remplace. Dans les archives où sont déposés les papiers et documens que renfermaient les anciens *greffes d'eaux et forêts* , on fera des relevés d'adjudications; on se mettra sur la voie de tout ce qui s'est fait par le passé ; l'on dépistera les anciens *réglemens de réformation*. En un mot on se procurera une *masse de lumières* , une *masse de données* à l'aide desquelles un artiste intelligent, connaisseur en bois, observateur attentif de la nature, habile à différencier les terrains, d'après leur plus ou moins

grande somme de productibilité, sera en mesure d'asseoir sur les bases d'une discussion lumineuse, *pour ne pas dire de la démonstration*, la tenue qui convient à telle forêt, et de régler l'âge de ses coupes en parfaite connaissance de cause.

127. — Plus loin, nous ferons l'application de ces divers préceptes à la *forêt de Montargis*, l'une de celles que nous avons aménagées d'après le système de restauration et d'entretenement que nous nous sommes créé ; système qui découle, et qui est sous la dépendance immédiate de la préalable éducation, et du *savoir caractéristique* de l'*ingénieur proprement dit*.

128. — Il est de l'essence de l'économie vitale d'augmenter jusqu'à un certain point, du moins, ses efforts, à raison des obstacles, même hyperphysiques, qu'elle rencontre. Quand on recépe de jeunes plants, avons-nous dit (§. 56) la sève, isolée qu'elle est des tiges propres à diriger son mouvemouvement d'ascension, réagit sur les racines. Elle les prolonge dans la terre où elles trouvent un surcroît de nourriture qui fait naître des rejets plus vigoureux. Or l'exploitation agit sur les bois (*quand, pourtant, ils ne sont pas coupés trop vieux*) comme le recépage agit sur les bourgeons. Mais cette régénéressence des bois par la coupe est renfermée dans des limites de précision que l'on ne franchirait pas impunément (§. 125). Il faut, au reste, ne pas confon-

dre la manutention des bois taillis avec celle des futaies. Les taillis sont un objet actuel , un objet courant de revenu. On ne doit en ajourner la coupe qu'aussi long-temps que marche la progression croissante exprimée dans les tableaux qui précèdent. Par là, on donne à la génération présente ce qui lui est dû, *sans préjudicier aux besoins de la génération à venir*. Le propriétaire recueille tout ce qu'il peut recueillir sans que la vigueur et la conservation du fonds soient compromises le moins du monde. Mais, encore une fois, il faut du tact , il faut de la perspicacité, il faut de la *science d'observation* pour déterminer le point au-delà duquel le bois ne gagne plus rien à rester sur pied ; *le point au-delà duquel il ne fait plus que dégénérer et s'apauvrir. L'étude et le parcours méthodique des surfaces boisées ; les sondes du terrain ; l'examen de la cime , du branchage, et de l'écorce tant des baliveaux que du taillis ;* l'essence dominante de celui-ci , le laucis de ceux-là ; la pesanteur comparative de deux cubes d'égal volume dont l'un serait pris au bas , et dont l'autre serait pris au sommet d'un même arbre ; *tout doit être observé, et comparé avec la plus sérieuse attention.*

Il faut être éclectique dans la foresterie comme on l'est dans la médecine et dans la philosophie. La science forestière ne peut pas être l'ouvrage exclusif d'un seul homme en son particulier , *mais de tous ceux qui y ont travaillé, et dont elle s'approprie ce petit nombre de choses excellentes qu'on trouve dans leurs écrits.* N'oublions pas que chaque espèce de sol réclame une modalité spéciale. *C'est par l'appropriation des modes qu'on enrichit la nature, au lieu de la dépouiller de ses pouvoirs, comme on l'a fait jusqu'ici par des mesures insolites.* Joignons à cela que ce serait pécher contre les règles de *la véritable observation* de généraliser une cause parce qu'elle est la plus ordinaire, et d'exclure toujours une autre cause parce qu'elle est plus rare. C'est ainsi, par exemple, que, *par exception à la règle générale*, il y a des *essences* qui, n'étant encore qu'à la moitié de leur accroissement, ne sont point rajeunies par la coupe : tel est *le hêtre*, et souvent *le charme* : leurs souches ne repoussent point, ou repoussent mal. Il y a d'autres espèces pour. qui la profondeur du terrain est chose fort indifférente, attendu que leurs racines s'étendent au lieu de pivoter : tel est *l'orme* ; tels sont tous *les bois blancs*. En matière de foresterie pratique, de repeuplemens et d'entretien, le succès sera toujours en raison de ce que *le choix des essences*, *l'âge*, *l'ordre et la distribution des coupes* seront réglés et combinés avec plus ou moins d'intelligence.

Des motifs de plus parfait ensemble, et d'une plus grande accessibilité à l'intelligence du lecteur nous ont fait reporter au chapitre IX beaucoup de préceptes et de faits surajoutés qui seront le complément du chapitre que nous terminons ici (*).

(*) Un mémoire de M. le chevalier *Aubert du Petit-Thouars* sur la formation naturelle ou artificielle des arbres, a donné lieu à des observations judicieuses de la part de M. *Marcellin-Vétillard*, *négociant et propriétaire*, au Mans.

» Le mémoire de notre honorable collègue, M. le chevalier
» *Aubert du Petit-Thouars,* lu à la séance de la société d'agricul-
» ture, le 17 août 1823, *dit le judicieux et savant observateur que*
» *nous citons,* touche une question d'une importance bien ma-
» jeure pour l'éducation des arbres en général, et surtout de ceux
» que l'homme peut assujétir à des formes régulières, soit pour en
» obtenir des fruits, soit pour en obtenir des bois de construction.
» Je crois fort difficile de constater la supériorité que M. *du*
» *Petit-Thouars* accorde à la racine sur la feuille : car si l'on prive
» un arbre de son chevelu et de ses feuilles (opération qui se pra-
» tique dans la plupart des plantations), l'arbre reprendra sa
» vigueur lorsqu'il aura poussé de nouvelles feuilles et de nouveau
» chevelu. Si l'on ôte toutes les branches et toutes les racines d'un
» sujet, en d'autres termes *si l'on fait une bouture,* on ne verra
» jamais les racines prendre un certain développement sans que la
» bouture ait poussé des feuilles ; et réciproquement, les feuilles
» n'atteindront pas leur entier développement sans qu'il y ait des
» racines. Par exemple, à l'égard du saule et du peuplier qui pren-
» nent très-facilement de bouture, la feuille et la racine poussent
» en même temps. Si l'on supprime les feuilles d'une bouture à
» mesure qu'elles paraissent, *le développement de la racine s'arrête*
» *tout-à-coup, et bientôt la bouture se dessèche.* Si, par contre,
» on supprime les racines à mesure qu'elles paraissent, *les feuilles*
» *meurent,* et le résultat est le même. Que l'on arrache un arbre
» quelconque, abandonné à la nature et plein de vigueur, tou-
» jours on trouvera le chevelu en rapport avec le feuillage.
» Il y a également un rapport très-direct entre la nature du

CHAPITRE VII.

ÉTAT DE SITUATION DE LA FORESTERIE FRANÇAISE, EN 1831.

129. — Faire faire, à prix d'argent et par autrui, des plans exacts ou non, *qu'on n'est pas capable de lever soi-même;* confier à des mains d'emprunt les arpentages des ventes annuelles, *faute de s'y con-*

» feuillage, la quantité du chevelu et la dureté du bois des » diverses espèces d'arbres. Le *saule,* le *peuplier* le *blanc de Hol-* » *lande,* par exemple, ont des feuilles peu persistantes, et d'un » tissu très spongieux; ils ne sont fixés au sol que par un petit » nombre de racines traçantes; *aussi le bois en est-il mou, po-* » *reux et léger.* Qu'au contraire, on arrache un *buis* ou un *if* » dont le bois est d'une dureté extraordinaire; quelle abondance » quelle fermeté de feuillage! que de chevelu, que de racines » entrelacées, tortillées ensemble, et fortement adhérentes au sol! » Dans les arbres de moyenne dureté, tels que le *noyer,* l'*orme* » ou le *chêne,* on remarquera le même rapport entre les feuilles » et les racines : elles sont plus persistantes et plus nombreuses » que dans les bois mous; comme elles sont sensiblement moins » nombreuses et moins persistantes que dans les bois très-durs. » Enfin si, pendant deux années consécutives, on dépouille le » côté quelconque d'un arbre de tout son feuillé, et qu'ensuite, » on arrache cet arbre, on trouvera mort, ou fort endommagé » le côté de ses racines correspondant à la dénudation de son » feuillage. »

naître, *et de pouvoir y procéder de sa personne :* asseoir ces ventes ; en faire le martelage et le récollement ; couper à tire et aire : poursuivre, devant les tribunaux compétens, la répression des délits prévus par la loi, voilà le *nec plus ultrà* de ce qui se fait aujourd'hui, *voilà la succédanée des maîtrises d'autrefois;* voilà le strict et rigoureux nécessaire. Mais *dans le nouveau, comme dans l'ancien régime forestier*, on *n'aperçoit point cette toute spéciale convenabilité, l'un des symptômes caractéristiques de la perfection.* La foresterie, telle qu'il faut la comprendre dans un siècle éclairé, ne se réduit pas à si peu de chose. Au reste, *ce très peu de chose est lui-même, fort mal exécuté :* nous espérons ne pas laisser substituer un doute à cet égard. Nous prouverons aussi que *l'état actuel de la civilisation repousse avec dégoût un régime forestier purement stationnaire*, et dont le système d'organisation arrête les progrès de l'esprit humain depuis le règne de *François* Ier jusqu'à l'ère de *Louis-Philippe.*

130. — Des bois divisés par coupes que l'on est convenu d'exploiter à tel ou tel âge ne sont pas, à beaucoup près, des bois aménagés dans le sens propre. Un aménagement, *tel qu'on le doit entendre,* a pour objet de fouiller une forêt, de l'interroger, et de pénétrer dans les secrets les plus occultes de sa vitalité, pour en soumettre le régime aux lois du calcul et de la démonstration. *Le faire* d'un aména-

gement ainsi défini n'a rien qui séduise et qui attache : le travail en est aride , et rebutant de sa nature. *Rien n'y tourne au profit matériel du travailleur : tout le fruit , tous les progrès sont pour la chose.* Or ce genre d'opérations, sur lesquelles il est comme reçu de prendre le change, ne peut, quoiqu'on dise, être confié avec succès et convenance *qu'à des hommes capables, observateurs avec discernement, et laborieux par goût.* Il faut, là , le *tenacem propositi virum :* depuis trop long-temps on y voit le *laudator temporis acti.*

131. — Il semble qu'en fait de *forestiers* et de *foresterie*, l'on ne se soit point encore entendu. Les notions ont été confondues ; les définitions n'ont point été posées : les faits et les résultats attestent seulement cette vérité déchirante , que *toujours l'intérêt des individus a prévalu sur l'intérêt de la chose.* Comment, depuis Louis XIV, les gouvernemens qui se sont succédés ont-ils pu ne pas sentir que les découvertes, ainsi que les procédés ingénieux des *Réaumur*, des *Buffon*, des *Duhamel*, resteraient à l'état purement spéculatif, si, dans la carrière de l'application à la pratique, on ne choisissait pas, *pour être manipulateurs*, des hommes instruits, des hommes spéciaux ?

132. — Nous avons une *foresterie de bureau*, C. A. D. une foresterie sédentaire , et de statistique. Les œuvres de M. *Baudrillard*, le Mémorial et le

Petit-Manuel forestier de M. *Herbin de Halle* en sont comme le *specimen*, le Répertoire et l'Itinéraire. Ces ouvrages se recommandent par une classification lumineuse, et par un ordre parfait ; mais *on n'y trouve pas un mot, pas une idée sur un mieux et sur des perfectionnemens dont l'urgent besoin se fait si vivement sentir.*

133. — Outre cette première classe de foresterie, nous avons encore une *foresterie dite de conservation.* Nous avons décrit le cercle dans lequel elle se meut (§§. 102, 103, 104, 105, 129, etc.). Celle-ci ne fait que remplacer, *quant au service extérieur seulement,* les anciennes maîtrises d'eaux et forêts qui cumulaient embagesquement les fonctions administratives avec les fonctions judiciaires, *et qui cachaient, sous le lustre qu'on attribuait à celles-ci, leur inaptitude à celles-là.* Mais, à bien des égards, *le régime des maîtrises valait mieux que le régime actuel.* La dépopulation des bois qui, jadis, reconnaissait pour cause primordiale *le passe-port officieux de la vénalité des charges,* reconnaît aujourd'hui, comme perpétuité de la même cause, *le virus* de la protection et *le toxique de la faveur.* Il est avéré que, sans égard pour l'ancienneté de service, comme sans respect pour les droits acquis, les affinités de coterie ont, *maintenant plus que jamais, le pouvoir formidable de soumettre nos forêts à l'intrusion des protégés les plus nuls et les plus incapa-*

bles. L'avancement y est soumis à des caprices encore plus bizarres que ceux de la fortune. Les plus inexplicables passe-droits y substitueraient le découragement à l'émulation *si l'honneur et l'amour du savoir n'étaient, depuis long-temps, le sentiment inspirateur de la jeunesse française.* Nous le répétons, le régime des maîtrises, sous bien des rapports, valait mieux que le régime actuel où presque partout on rencontre *la mouche du coche.* Or c'est précisément sous l'autorité si louangeusement préconisée de ces anciennes juridictions, toutes composées d'hommes estimables et désireux de bien faire, que, *de proche en proche, et de mal en pis,* nos forêts se sont dépeuplées, et qu'elles sont tombées dans l'état d'insuffisance où nous les voyons aujourd'hui, malgré les graves et successifs avertissemens des *Colbert,* des *Buffon,* des *Réaumur* et de tant d'autres illustres écrivains.

134. — On s'étonne qu'à la voix de ces savans observateurs; qu'au cri d'alarme de ces généreux citoyens, les ingénieurs en chef de chaque province n'ayent pas été appelés à donner leur avis, comme à venir au secours de nos forêts, si visiblement dépérissantes. Comment s'est-il pu faire qu'une idée si simple en elle-même, qu'une idée de première ligne, dans l'espèce, ne se soit offerte à l'intuition convictive d'aucun ministre dirigeant? cela vient, sans doute de ce que, si *l'homme* est né

dépositaire des plus nobles comme des plus généreuses inspirations, *il faut*, néanmoins, *qu'un inci-
dent, qu'un cas fortuit ouvre la soupape par laquelle
chacune de ces inspirations peut s'échapper du
commun réservoir*, pour venir se placer devant cette
perception interne qui perce dans l'avenir, et qui
saisit, pour le lancer dans le torrent de la circulation, le germe des résultats les plus inattendus. **Si**
Newton n'eut pas été frappé sur le crâne par un
gland tombé d'un chêne, peut-être la *gravitation
des corps* n'eut-elle jamais été découverte.

135. — Au reste, le projet de réunir les forêts
aux ponts et chaussées a été, dans le temps, conçu
par *Trudaine*. Ce projet, *inspiré par l'amour du
bien public, et justifié par de hautes convenances*,
est resté sans exécution sous un gouvernement qui
n'osa franchir la difficulté plus imaginaire que
sérieuse de rembourser la finance des titulaires-fo-
restiers. On prodiguait, on prostituait les trésors de
l'état *à la dotation du parc aux Cerfs*, aux *Pompa-
dour*, aux *Dubarry*, et l'on manquait d'argent pour
sauver d'une ruine inévitable notre plus précieuse
propriété foncière ! *Ajoutons qu'on n'ébranle pas
un vieil édifice à l'abri duquel vivent beaucoup de
sinécuristes, sans exciter des clameurs sans fin, et
de virulentes récriminations.* On sait comment des
marchands-bonnetiers gagnèrent, dans le temps,
le valet de chambre de Louis XIV, pour ruiner,

dans l'opinion de ce monarque, *l'utile invention du métier à faire des bas*, *et pour empêcher ce prince magnifique d'accueillir l'auteur de cette ingénieuse machine.*

136. — Pour prendre les choses dans l'état où elles sont, et *seulement pour ce qu'elles sont*, il faut reconnaître, en résumé, que nous avons une *bureaucratie forestière*, c'est-à-dire une *foresterie sédentaire*, avec une *foresterie active dite de conservation.* Celle-là gouverne, ordonne, et dispose : celle-ci n'est, dans la main de celle-là que l'*instrument exécutif du revenu forestier de l'année*; c'est *une machine à finances dans les mains de la première, et rien que cela sans plus ni moins*; c'est purement et simplement une foresterie de pièces et de morceaux décousus et mal assortis entre eux.

L'inhabileté prétentieuse de cette agence qui n'est, après tout, que la *doublure des anciennes maîtrises d'eaux et forêts*, n'est plus une chose équivoque. Elle a paru suffisamment constatée aux yeux du gouvernement déchu lorsque, le 1er décembre 1824, *une école spéciale forestière* fut créée par ordonnance. Le gouvernement de LOUIS-PHILIPPE restera-t-il en arrière du gouvernement de CHARLES X, en matière d'institutions généreuses? Nous ne saurions le croire. Espérons donc que la France devra au roi qu'elle s'est choisi un système de perfectionnement *appuyé sur des bases toutes nouvelles.* L'état présent des lumières réclame de plus en plus vivement une *foresterie d'arts, de restauration et de savoir* dont tous les membres auront préalablement à faire leurs preuves, ET DEVRONT PASSER PAR LA FILIÈRE DU CONCOURS. Une foresterie ainsi *retrempée* pourra toujours réunir à ses attributions spéciales les fonctions purement mécaniques et si gauchement exécutées de la foresterie *telle que nous l'avons aujourd'hui.*

La *foresterie scientifique* que nous venons d'esquisser hypothétiquement, offrirait au pays la garantie des talens et de la noble émulation *inséparable du concours présupposé* ; on aurait, du moins, la certitude irrévocable *que les protégés ne seraient plus des ignorans,* et CE SERAIT GAGNER BEAUCOUP.

Voyons, par réciprocité, comment se compose, et *comment se recrute le personnel de notre agence forestière,* telle qu'elle se poursuit et comporte, *par le temps qui court.* Voyons, surtout, *par qui va se faire l'estimation des* 3oo,ooo *hectares de forêts* dont la loi du 25 mars 1831 autorise l'aliénation, par fonds et superficie : *voyons par qui vont être stipulés les intérêts des contribuables,* en ce qui touche cette aliénation périlleuse. Puisque l'estimation en est dévolue à l'administration forestière, *recherchons, si, dans cette administration, tout se passe avec l'ordre, la justice, la franchise et la loyauté requises.* Il paraît que de grands abus se sont introduits dans cette branche de service, s'il faut en croire le feu *directeur général*, marquis *de Bouthillier.* Voici la circulaire qu'à ce sujet, il écrivit aux vingt conservateurs du royaume, le jour même que fut créée l'*Ecole de Nancy*, le 1ᵉʳ décembre 1824.

» Je suis informé, Monsieur, que parfois, des
» arrangemens pécuniaires ont été contractés entre
» des agens susceptibles de retraite, (quelques-uns,
» même, pouvant encore continuer utilement leurs
» fonctions), et des personnes qui aspirent à les
» remplacer. — Je suis trop ennemi des moyens
» détournés pour ne pas réprimer un pareil trafic
» d'emplois qui a le double inconvénient de gréver
» prématurément la caisse des retraites, et d'éta-
» blir une vénalité réprouvée par la morale ; et qui,
» par les sacrifices pécuniaires qu'elle nécessite,
» *pourrait amener des malversations.* Aussi, je ne
» doute pas que vous ne vous empressiez de vous
» joindre à moi pour arrêter un *genre d'abus si*
» *contraire au bien du service,* qui a pu échapper
» jusqu'ici à la surveillance de quelques conserva-
» teurs, mais dont il est important d'empêcher le
» retour. — Je vous prie, en conséquence, Mon-
» sieur, de vouloir bien faire connaître, à tous les
» agens placés sous vos ordres, mon intention for-
» melle de m'opposer à des traités ou transactions
» quelconques ayant pour résultat des cessions

» d'emploi. *Signé le conseiller-d'état, directeur-*
» *général*, DE BOUTHILLIER. »

Puisque telle était la sollicitude de M. de Bouthillier, en 1824, que dirait-il donc si, *nouvel Epi-*
ménide, il voyait les supplantations et l'effronterie
de tripotage qui succèdent à la révolution de 1830?
quelques citations pourront donner une idée de ce
qui se passe, *au mépris de ces nobles paroles sorties*
d'une bouche auguste. — » LA CHARTE SERA DÉSOR-
MAIS UNE VÉRITÉ. »

ON A VU, naguère, un administrateur en chef
qui savait honorer son grade, par une intégrité
consciencieuse, comme par une grande distinction
de talent, être inopinément *jeté dans le cul-de-sac*
aux retraites, et céder sa *chaise-curule* à un subal-
terne qui a fait, dans le court délai de six mois, le
chemin que, selon l'ordre hiérarchique et légal, on
ne ferait pas en vingt ans. Et en effet, l'enfant gâté
de la faveur dont nous racontons ici l'inexplicable
élévation n'était, en 1821, qu'un *simple garde à*
cheval, aux appointemens de mille francs ; en
juillet 1830, il n'occupait encore qu'une place correspondante à celle de SOUS-INSPECTEUR : mais voici
qu'en *janvier* 1831, il a franchi d'un vol rapide
tout ce qu'il y avait avant lui d'inspecteurs, de
conservateurs, *voire même d'administrateurs de la*
Vieille-Roche, pour aller siéger A LA DROITE DU
DIRECTEUR-GÉNÉRAL.

On a vu le protégé d'un général aide-de-camp être nommé d'emblée, *en mars 1831*, *garde-général faisant les fonctions de sous-inspecteur*, CHEF DE SERVICE (*estimateur des bois à vendre, par conséquent*), encore bien que, de sa vie, ce protégé n'ait parcouru une forêt! mais où n'arrive-t-on pas quand on a pour soi l'éclusier du canal des grâces?

On a vu un chef de division à l'administration centrale, *tout-à-fait étranger au service actif*, acheter, *à prix débattu*, une conservation *de première classe* dans laquelle il a sous ses ordres 1347 employés de tout grade, et 160,000 hectares de forêts à gouverner, *sans y entendre le premier mot, et sans jamais être sorti de son cabinet.*

Enfin, *en première ligne des estimateurs-nés des bois à vendre*, figure un *sosie* de *M. de la Palisse.* Le cousin d'un ancien ministre de la guerre, nommé *Inspecteur* DE 1.re CLASSE, demande ingénuement *combien il faut d'hectares pour équivaloir à l'ancien arpent d'ordonnance?* Religieux observateur de l'instruction du 9 frimaire an X (§. 157), et pour procéder en sûreté de conscience, le cher cousin *mesure le pourtour des arbres avec un décamètre! Risum teneatis amici !!!*

Noble France, telles sont les grotesques capacités que l'on prépose à l'estimation de tes forêts! pourra-t-on croire que le soleil de 1831 a vu éclore des choix aussi saugrenus chez le peuple le plus aimable, le plus pénétrant, et le plus spirituel de la terre?

Les promotions que nous venons de signaler, et tant d'autres dont nous n'avons pas encore l'état officiel, sont le dernier anneau d'une chaîne d'abus qui remontent à une immense succession d'années; qui pèsent sur nos forêts depuis 1356 (§. 3.); qui y pèsent de plus en plus gravement en 1831, et qui font qu'on les accuse, aujourd'hui, de ne produire que 2 pour %. Faut-il s'en étonner quand tout semble se réunir pour en conspirer la ruine? peuvent-elles prospérer quand on les soumet aux bévues de la plus crasse ignorance? avec une allure aussi peu franche, faut-il être surpris que, de l'heure qu'il est, chacun, en France, soit réduit à MOINS DE NEUF PIEDS CUBES de bois, par an, *pour constructions nouvelles, grosses et menues réparations, chauffage, service culinaire, consommation de fours à pain et à chaux*, etc., etc., ainsi que nous le démontrons par l'autorité des chiffres (§. 195)? Dans un aussi déplorable état de choses, l'administration aura-t-elle, du moins, le bon esprit de vendre les forêts les moins bonnes, *notamment celles qui sont grevées des droits d'usage, pâturages*, etc., etc.?

Nous pourrions ajouter de bien piquants détails à tout ce qui précède; mais *un sentiment de pudeur, et de bienséance*, nous oblige à jeter un voile sur beaucoup de choses. Notre tâche n'est pas de per-

sonnifier la contagion. Seulement, et dans l'intérêt
général du service, nous regardons comme indispensable de signaler à la probité publique, et, (si
nous le pouvons), A LA PROBITÉ ROYALE ELLE-MÈME,
des abus qui dessinent d'un trait ferme, et bien
prononcé, les flétrissans commérages, les honteuses
manigances qui tuent la morale et l'émulation, et
qui réagissent si lourdement sur notre état financier.
*Une telle subversion d'ordre et de principes, porte
l'empreinte de la témérité* : c'est du RISQUE-TOUT,
ayons le courage, peut-être dangereux, de le dire.
Amicus Plato, sed magis amica veritas.

CHAPITRE VIII.

DE L'UTILISATION DES TERRAINS VAGUES DONT SONT STIGMATISÉS LES BOIS ET FORÊTS.

137. — Dans la cathégorie des besoins du premier ordre, le bois se trouve immédiatement après le blé ; et cependant il n'existe pas de forêt qui n'ait perdu plus ou moins de sa contenance primitive. Il y a, d'ailleurs, plus de forêts en mauvais fonds, ou en fonds médiocres qu'il n'y en a en très bon fonds. Loin donc qu'il y ait à compter sur des accrues spontanées, on ne peut que s'attendre à beaucoup de dépérissemens naturels et successifs au-delà de ceux déjà si considérables que provoque incessamment une mauvaise gestion.

138. — Les secousses d'émulation que l'agriculture a reçue par l'effet consécutif de l'accidentelle cherté des blés ; les bénéfices qu'on a cru faire dans le commerce des céréales et du vin ont donné l'éveil aux spéculateurs. Beaucoup se sont crus intéressés à défrîcher les bois, dans la perspective de se faire un revenu plus fort, et surtout plus prompt en blé, ou en vin. La charrue a donc refoulé les forêts sur

elles-mêmes (*) : elle en a diminué les antiques contenances par la rognure de leurs pourtours déjà si maltraités par la dent des bestiaux. Enfin, ces réductions périmètrales s'aggravent encore tous les jours par des vagues que l'excès d'âge produit dans l'intérieur des massifs. Or ces vagues ne sauraient manquer de s'étendre de plus en plus sous l'influence du régime actuel qui équivaut, tout au plus, à celui des maîtrises dont nous avons déjà démontré, et dont nous démontrerons plus invinciblement encore l'insuffisance.

139. — Les vagues intérieurs dont nous venons de parler sont de contenances très inégales entre elles : ils sont d'une grande variabilité de formes et de figures. Il y a telles localités ou leur somme excède le dixième de la surface boisée.

140. — Des semis partiels sur tant de points de station, plus ou moins éloignés entre eux, se trouvent aux prises avec trop d'ennemis, avec trop d'inconvéniens et de difficultés pour, qu'avec les instrumens actuels, on puisse compter sur des succès capables de balancer la dépense. D'ailleurs, l'état

---

(*) Dans le voisinage d'Orléans, et sur le rein de la forêt qui en porte le nom, une belle étendue de bois, essence de chêne, a été récemment arrachée, et convertie en terres labourables. Le spéculateur propriétaire se propose d'y former une métairie, s'il obtient la permission de bâtir, comme il a obtenu, déjà, celle de défricher.

de crise dans lequel sont nos bois ne permet pas d'assigner le *quantùm* de ces vagues avec assez de précision pour calculer les frais de leur repeuple-ment. D'ailleurs, aussi, l'on doit prendre en consi-dération le budget des dépenses publiques dont l'énormité ne permet pas d'affecter au département des eaux et forêts autant de fonds annuels qu'il en faudrait pour faire des repeuplemens d'une étendue convenable, et de nature à balancer l'effrayante dé-population que nous avons signalée (§. 102).

141. — Dans d'aussi fâcheuses conjonctures, ce sont encore des ingénieurs, *et seulement des ingé-nieurs*, qui pourront débrouiller le cahos. Eux seuls sauront observer fructueusement, et suivre pas à pas le débordement des vicissitudes, afin de lui opposer des digues qui l'empêchent de s'étendre davantage. — Eux seuls trouveront *dans la chose même* les moyens de la reparer largement *sans être à charge au trésor*. C'est seulement avec eux, et par eux, que le pays pourra dire *major nobis nascitur ordo*.

142. — Dans le compte à rendre de l'étendue de ces vagues, ainsi que dans le travail des études pré-paratoires à leurs repeuplemens, *l'ingénieur* fera spécialement entrer l'examen des fonds de terre à regarnir. C'est la nature du sol qui doit déterminer le genre et le mode de façons qui doivent précéder et

suivre ces semis, ainsi que le choix des semences à
déposer dans chaque veine, dans chaque classe de
terres, en raison de ce qu'elles seront plus ou moins
propres à remplir les tubes séveux, comme à favoriser les fonctions de la *capillarité* (*).

143. — Toujours les sondes du terrain doivent
guider la main du planteur, sauf les cas exceptionnels
où l'on veut intercaller et introduire des *espèces
ubiquistes* telles, par exemple, que le *robinier* dont
la culture a été si vivement préconisée par *François
de Neuchâteau.*

144. — Quand les vagues à regarnir ne seront
pas d'une date trop reculée, l'*ingénieur* consultera
les procès verbaux d'adjudication des bois que ces
vagues ont portés en dernier lieu. En comparant ces
adjudications avec l'adjudication des bois limitrophes (au temps d'alors) il connaîtra l'âge qu'avaient
ces bois quand on les a coupés la dernière fois. Or
si cet âge, comparé avec les capacités du terrain,
indique que l'anéantissement desdits bois provient
de ce qu'ils ont été coupés trop vieux, il en concluera
le choix à faire de quelque nouvelle essence à laquelle puisse convenir un âge plus jeune nécessaire
au délassement, et au repos des fonds.

(*) C'est par l'effet de la *capillarité* que la sève monte dans les
tiges des végétaux, et l'huile dans les mèches des lampes.

145. — L'*ingénieur* aura à faire entrer en ligne de compte le délai des recepages dont les nouveaux plants ne manqueront pas d'avoir besoin pour se *membrer* : puis il calculera l'époque à laquelle ils seront en état d'entrer définitivement en rang de coupes ordinaires. Il ne se dissimulera pas, au surplus, que son travail ne pourra pas mettre un si prochain terme au dépérissement de l'espèce qu'il n'en reste quelques traces que le temps seul fera disparaître. C'est ainsi que, dans un violent incendie, les secours ne peuvent pas être tellement prompts, tellement efficaces, et tellement bien combinés qu'il n'y ait à reparer plus ou moins de dommages.

146. — L'opposition qui se prononcera vraisemblablement, contre l'ouvrage que nous publions, n'atténuera ni la vérité des choses, ni la nécessité de suivre la marche indiquée comme la meilleure, ou plutôt la seule bonne qu'il y ait à suivre. Ce que nous avons dit, ce que nous dirons encore ci-après sera mal accueilli sans doute par des intérêts personnels qui se croiront froissés. D'un autre côté, les *esprits routiniers* ne se plieront ni aux lois de l'analyse, ni aux lumineux préceptes de *la Méthode* (*); mais tout ce qu'il y a d'hommes impartiaux, tout ce qu'il y a d'*ingénieurs* accoutumés à

(*) Ouvrage de *Descartes.*

penser, et à juger autrement que sur de frivoles apparences, reconnaîtront, sans efforts, que l'organisation forestière actuelle ne comporte ni l'instruction, ni la plénitude de moyens intellectuels nécessaires pour assurer le service, au présent et à perpétuité.

147. — Nous ferons observer subsidiairement que le projet auquel on semble revenir de planter les routes, et les chemins vicinaux, d'arbres assortis à la nature du sol remonte au temps même de la création de nos grandes routes. C'est *Trudaine* qui en a fait les premiers essais : c'est à lui que la France a dû l'établissement des pépinières autrefois annexées à la mise en œuvre de cette utile conception. Ce ministre citoyen regretta pendant toute sa vie la distance qu'on avait mise entre *les forêts et les ponts et chaussées* qui, selon lui, devaient ressortir des mêmes capacités. Ainsi que *Bossuet* insista de toute son éloquence, et pourtant sans succès, sur la nécessité de réunir l'étude de la physiologie à l'étude de la morale, de même *Trudaine* visait à réunir les forêts aux ponts et chaussées. Ayant échoué dans ses tentatives, et convaincu qu'il était que bientôt le pays manquerait de son nécessaire en bois, il voulut, du moins, que les routes complantées d'arbres fussent un témoin de sa prévoyante sollicitude. Après lui, les pépinières ont cessé d'être entretenues, et

les semis qui s'y trouvaient, au lieu d'être consacrés à des plantations d'utilité publique, ont embelli les propriétés des riverains qui ont eu accès soit auprès des intendans, soit auprès de leurs subdélégués. C'est ainsi que, de tous temps, les sollicitations individuelles ont été en rivalité permanente avec l'intérêt général.

148. — Dans ce débordement de l'égoïsme d'une part, et de l'insouciance de l'autre, rien n'a été aussi négligé, rien n'a été aussi maltraité que nos bois. Les emplois forestiers qui étaient, jadis, sous la honteuse dépendance de la vénalité, ont passé, de nos jours, sous *l'absolutisme de la faveur et de l'importunité*. C'est une quasi-oligarchie que notre machine forestière : or *Napoléon*, juge compétent dans l'espèce, a dit quelque part : « *Jamais les » oligarchies ne changent de sentiment parce que » leurs intérêts sont toujours les mêmes.* » Sous l'empire de la Charte de 1830, et dans l'état actuel des lumières, il devrait n'y avoir d'autres protecteurs que Dieu, *les lois, et les talens, dans certains cas spéciaux.* Or la protection des lois est impuissante quand c'est l'esprit de parti qui les interprète (ainsi que cela est souvent arrivé). Quant aux talens, l'intrigue en fait plus avorter que l'activité n'en fait éclore. Quel prince, osons dire quel ami de son pays eut jamais plus belle, et plus favorable occasion que

LOUIS-PHILIPPE de les introduire enfin dans le service forestier? Combien il serait digne des conceptions si éminemment françaises de ce monarque populaire de se constituer ainsi le noble fondateur d'une nouvelle application des sciences exactes et positives. Le pays aurait alors une FORESTERIE MODÈLE. Cette belle institution serait l'œuvre d'un prince dont le code de l'honneur français se réduit à imiter les hautes vertus; *d'un* ROI *qui a toujours été le modèle des bons fils; des bons époux; des bons pères, et des grands citoyens.*

CHAPITRE IX.

DÉFINITION DIDACTIQUE D'UN AMÉNAGEMENT PROPREMENT DIT. — NOMENCLATURE DES OPÉRATIONS QUI LE CONSTITUENT. — DIGRESSIONS COMMANDÉES PAR LE SUJET.

149 — A moins de nier l'évidence, il faut admettre l'impossibilité de restaurer une forêt que l'on ne connaît point. Il faut avouer encore qu'on ne connaît jamais, aussi parfaitement que cela est possible, un terrain couvert et boisé, qu'alors qu'on en lève le plan. Il faut concevoir, enfin, que si *le lever du plan* est le moyen *per quem* de bien connaître une forêt, cela ne peut s'entendre que de sa connaissance extérieure, que de son *statu quo* : mais il y a, *pour la connaître à fond*, et moralement, P. A. D. une autre science qui se puise ailleurs que sur le terrain, et que nous appellerons *science d'analyse*. Or cette science elle-même reconnaît deux principaux facteurs, dont l'un a pour auxiliaires obligées les sciences qui embrassent les arts ; et dont l'autre réside dans l'étude, dans le dépouillement, dans le *compulser* des actes et dossiers déposés dans les archives.

150. — Des travaux de l'ordre de ceux dont

nous parlons ici sont *techniques*. Ils ne peuvent être consciencieusement acceptés, ils ne peuvent être mathématiquement combinés, ils ne peuvent être méthodiquement conduits et dirigés, ils ne peuvent être *mis à chef avec succès et distinction* que par des agens qui y aient été rendus aptes au moyen d'une éducation préliminaire et spéciale. Il faut, de plus (*et cela est rigoureusement vrai*), il faut que *l'administration centrale* appelée à connaître des opérations dont il s'agit ici, chargée d'en discuter, et d'en apprécier la convenance; d'en assurer l'exécution et d'en perpétuer les avantages, soit aussi composée *de savants hommes de l'art.* Autrement, sa supériorité ne sera que *nominale, et purement imaginaire*, ainsi que cela doit se comprendre sans le plus petit effort. On pourra l'induire en erreur; on pourra *lui livrer pour bonnes et parfaites* des opérations défectueuses; le désordre ne fera que s'accroître; *tout se décidera par intrigue*; d'injustes destitutions ou le refus d'avancement seront fulminés contre ceux qui auront *le tort d'avoir raison;* l'ignorance et l'avidité entonneront le *Te Deum; ce sera la cour du roi Pétaud.*

Pour éviter toute méprise dans le sens des choses, disons, surtout, que les travaux dont nous venons de parler sont, *de leur nature*, tout-à-fait hors la compétence de nos agens forestiers actuels, puisque déjà ils appellent des secours étrangers pour se pro-curer les arpentages et les réarpentages des coupes annuelles, arpentages qu'ils ne savent pas faire eux-mêmes. Des faits probants et péremptoires vont justifier nos assertions, et les éclairer du flambeau de l'évidence. Ces faits seront puisés dans l'*histoire de la forét d'Orléans* proclamée comme l'une des mieux réglées, des mieux tenues du royaume. Et en effet, *la maîtrise d'Orléans*, supprimée, comme toutes les autres, par le décret de septembre 1791, était la plus ancienne, la plus nombreuse, et la plus honorablement composée, sous le rapport de son personnel : on ne pouvait rien ajouter aux garanties extérieures que présentait son ensemble. *Elle se composait de trente-quatre officiers : elle jouissait d'un crédit immense.* Ses deux grands - maîtres, *l'ancien et l'alternatif*, ont été rétablis par arrêt du conseil d'état du 24 septembre 1670 ; or les autres maîtrises n'ont été créées que par un édit de février 1689 : donc le rang d'ancienneté, comme celui de prééminence, était, de plein droit, dévolu à cette maîtrise *d'une réputation colossale.* Or, afin de raisonner dans l'hypothèse la plus large, la plus conciliante, et la plus favorable à nos successives institutions forestières, nous supposerons, et nous croyons même que toutes ont été, *celle d'aujour-d'hui surtout,* aussi bien composées que le fut la maîtrise d'Orléans que l'on citait comme un modèle de toutes les perfections qu'il fût possible de désirer. Après avoir établi cette parité de perfections entre l'administration actuelle et l'ancienne maîtrise d'Orléans, nous allons faire abstraction des personnes pour ne raisonner que sur l'essence de l'une et de l'autre institution, par analogie. Nous attaquons ces institutions successives par cela seul qu'elles sont évidemment excentriques à leur objet. Au reste, la valeur psychologique de l'homme réside dans ses œuvres ; *il est là tout entier.* Interrogeons donc les œuvres, et faisons parler des faits que nous allons soumettre au jugement du lecteur.

151. — En 1721, les sieurs *Rangot, Verniquet* et *Caron* furent chargés de lever un plan général de la forêt d'Orléans, et d'y faire, *sous la direction de la maîtrise,* l'arpentage et le bornage des bois du roi. Or, de leurs opérations, il ne résulta rien de positif, rien d'utile pour la chose qui en était l'objet : leur travail fut à refaire. *La maîtrise, faute de s'y connaître, fut trompée dans son attente,* et le prince apanagé fut constitué dans une dépense en pure perte. Si quelques doutes s'élevaient, par hasard, sur l'exactitude de ce fait, et de plusieurs autres qui viendront à leur rang, les archives du *Palais-Royal* sont là pour prouver le contraire de

notre assertion : mais les archives du *Palais Royal*
ne prouveront rien de semblable.

152. — Afin de mieux faire voir encore combien
l'ordre des coupes d'une forêt tient à peu de chose,
quand les agens préposés à son maniment manquent
des connaissances et du *savoir* requis par la nature du
service, nous allons citer un autre fait plus largement précisé que celui qui précède.

Le géomètre *Vauclin* fit, en 1763, l'arpentage,
et la division par coupes, de 10,443 *arpens* que
contenaient alors les *bois de Vitry,* l'une des six garderies dont se compose la *forêt d'Orléans.* Croira-
t-on que, DÈS LA PREMIÈRE ANNÉE *du nouvel ordre
de choses qui venait d'être établi à grands frais,
sous l'influence immédiate de la maîtrise,* ce nouvel
ordre de choses, apparemment mal compris par
cette maîtrise *qui l'avait ordonné,* fut interverti *dans
ses propres mains, et de son fait personnel?* La
chose est d'autant plus incroyable, et prodigieuse
que le travail du géomètre est consigné dans des
atlas dont chaque feuille présente la figure d'une
coupe avec tous ses attenancemens. Quoiqu'il en soit,
la maîtrise n'a pas su lire, sans se tromper, dans
ces sortes d'*abécédaires* dressés tout exprès pour
elle, et qui sont, aujourd'hui sans doute, déposés soit
dans les archives du Palais-Royal, soit dans celles
de la première conservation forestière.

D'après ces atlas, et leur tableau récapitulatif, il devait être adjugé sept ventes par an , savoir :

En 1764   les 7 ventes de la série n° 1
    1765   »   »   » 2
    1766   »   »   » 3
    1767   »   »   » 4

Et ainsi de suite pour chacune des années dont la révolution de coupes devait se composer.

Cependant, loin de se conformer à cette marche écrite *en si gros caractères*, et *si facile à comprendre*, au lieu d'adjuger, en 1764, les 7 ventes de la série n° 1 destinée à composer cet exercice, la maîtrise, *qui était ce que sont aujourd'hui les conservateurs*, a adjugé des ventes qui ne devaient l'être qu'en 1767, 1768, 1769, 1770, 1776, etc., etc.

En 1765, au lieu d'adjuger les 7 coupes de la série n° 2 , *la première maîtrise du royaume* a vendu des bois qui, *d'après son propre plan*, ne devaient l'être qu'en 1766, 1768, 1769, 1771, 1777, etc.

C'est ainsi que l'ordre des coupes s'est interverti de plus en plus, car une fois que l'on sort une coupe de son rang, pour la remplacer par une autre, cette autre ayant été convertie en bourgeons *avant le moment préfixe*, ne se trouve plus peuplée en bois bons à vendre lors que son rang arrive ; il faut alors lui en substituer une autre, et ainsi de proche en proche.

Voici ce qui est arrivé de ce désordre honteux :

De tout ce qui devait être coupé en 1789, année où devaient marcher les 7 ventes de la série n° 26, la majeure partie s'est trouvée en bourgeons. On a donc subtitué à ces 7 numéros 26, les numéros 37, 38, 39, 1, etc. (*).

Des 7 ventes qui devaient s'user en 1790, deux l'avaient été en 1778, et n'avaient, par conséquent, que 12 ans d'âge : quatre autres, qui l'avaient été en 1777, n'avaient que 13 ans d'âge ; il n'en restait plus qu'une en grands bois ayant plus de 40 ans.

De celles qui devaient être coupées en 1791, deux l'avaient été en 1778 ; trois l'avaient été en 1779, tellement qu'il n'en restait plus que deux en grand bois.

Tous les autres ordinaires ont porté l'empreinte du même désordre et de la même ignorance. C'est ainsi qu'une opération très-couteuse, *et de grand apparat*, a été *sans objet et sans profit* pour le prince apanagé à qui la maîtrise en avait fait faire la dépense. C'est ainsi que se sont fourvoyés les officiers d'une grande maîtrise ; des hommes qui étaient de ce que l'on appelle *la haute volée*. Tant il est vrai que la haute volée porte, par fois, le cachet

---

(*) Au lieu d'adjuger les sept coupes de *marais Joly ; Bout-Tortu ; Marchais-Plat ; Fontaine à Luron ; vente des Liesses ; Marchais-Laudron, et Carrefour-Rusé ;* l'on n'a vendu que six coupes, savoir : *les Queues de Chemaux ; les Caillettes ; les Mollières ; le Sourdillon, la Jonchère, et la Culotte.*

d'une grande médiocrité de moyens ; tant il est vrai que la haute volée n'a pas la science infuse, et que malgré les prérogatives dont elle est en possession, d'ailleurs, *elle ne peut savoir qu'à la charge d'apprendre.*

Si la maîtrise d'Orléans qui était sur les lieux, *et qui voyait les choses de près*, ne s'est point aperçue de l'intervertissement que nous venons de signaler, il est permis de croire, *à fortiori*, que la foresterie de bureau, en résidence à Paris, n'aperçoit pas davantage les intervertissemens analogues qui, sur divers points du royaume, peuvent échapper aussi aux conservateurs, inspecteurs et sous-inspecteurs ; *intervertissemens contre lesquels le gouvernement est*, non-seulement *sans garantie suffisante*, mais encore *sans garantie d'aucune espèce.*

153. — De ce que nous venons d'exposer (§§. 151 152) il y a lieu de conclure que les réformateurs, en 1721, et que les officiers de maîtrise, en 1763, n'entendirent pas mieux leur affaire que ne l'avaient connue leurs devanciers. Or, *il n'y a pas de raison pour que ce qui est arrivé déjà, n'arrive pas encore aujourd'hui.* Alarmé, stupéfait qu'on est de ces lourdes et grossières bévues de l'ignorance superficielle et présompteuse, on se demande *en quoi, comment, et sous quel point de vue nos agens forestiers de tous grades sont plus habiles et mieux avisés*

que ne l'ont été les 34 *officiers de la maîtrise d'Or-*
léans? On se demande qu'elles garanties peuvent
rendre la gestion de ceux-là plus rassurante, et
mieux éclairée que la gestion de ceux-ci? *les conser-*
vateurs, et les autres agens de la moderne organi-
sation ne sont pas plus versés dans la matière que ne
l'étaient leurs devanciers. Ils ne sont et ne peuvent
pas être mieux intentionnés que ne l'étaient les
fonctionnaires qu'ils remplacent, et qui, pour tant,
ont couvert nos forêts de plaies incurables. Rien
n'est plus sûr que l'incertitude de leur marche qui
n'a *de régularité que dans ses irrégularités.* Aujourd'hui, comme autrefois, chacun suit, comme a
dit *Montaigne*, une impulsion de la volonté qui se
présente *sans le conseil de la raison.* Du temps des
maîtrises, on achetait, à beaux deniers comptans,
une charge pour laquelle on était sans aptitude, *sauf*
quelques exceptions infiniment rares. Dans le nouvel
ordre de choses, on se couche dans la plus complète ignorance de ce qui constitue la science forestière ; mais, grâce aux faveurs ministérielles, grâce
à la puissance des recommandations, ou par des
considérations de consanguinité, l'on s'éveille, le
matin, pourvu d'un grade plus ou moins élevé dans
cette branche du service public : *l'on se trouve fo-*
restier par improvisation. En substance, et puis qu'il
faut trancher le mot, *nos forêts, en* 1830, *ne sont*
ni mieux comprises, ni mieux traitées, ni mieux

administrées qu'avant 1789. Les instrumens de leur anéantissement progressif n'ont fait que changer de dénominations et de titres : *ce n'est que parmi des ingénieurs que pourront se recruter les véritables hommes de la chose.* Les procédés que nous allons décrire ; les moyens d'exécution que nous allons soumettre aux méditations du lecteur ne comporteront pas le plus léger doute à cet égard.

154. — *L'ingénieur forestier* devra faire une étude particulière de tous les anciens plans, et de tous les actes généralement quelconques relatifs à la forêt qu'il s'agira d'élaborer. Il puisera dans les greffes, et autres dépôts, tous les documens, toutes les données propres à éclairer sa marche, comme à déterminer son plan de conduite, car *ce plan de conduite ne peut pas être toujours le même* ; il doit se modifier en raison des localités, et quelquefois en raison des antécédens. *L'ingénieur* fera le relévé des bois vendus année par année, moyennant telle ou telle somme. Il se procurera la figure et la contenance de chacune des coupes adjugées. Il aura à dépister dans le lointain des temps et des choses, les repaires locaux et les antiques dénominations tombées dans l'oubli. Noms de climats, noms de contrées, noms de vallées, noms de tertres, noms de montagnes, cours d'eaux, fontaines, gardoirs, noues, sablonières, marais, étangs, plaines, gout-

fres, arbres ou pierres remarquables, buissons, chemins, carrefours, poteaux, etc.,'etc., etc. ; rien n'est
à dédaigner, rien n'est indifférent, rien n'est à
omettre. C'est quelquefois à l'aide des choses les
plus petites et les plus minutieuses qu'on se retrouve
partout, et que l'on se remet sur la voie de ce qui
s'est perdu dans l'embarras des êtres, ou dans les
broussailles de l'erreur. Il faut, *en matière d'aménagement*, savoir mettre dans son travail, comme dans
ses idées, un ordre parfait auquel rien ne puisse
échapper, et qui empêche toute confusion possible. Plus on est familiarisé avec les formules mathématiques, mieux aussi l'on sait faire obéir sa
plume à toutes les inflexions de la pensée. *Il n'y
a rien à quoi ne s'applique l'esprit d'ordre, l'esprit d'analyse* : c'est un *protée* qui prend toutes
les formes.

155. — *L'ingénieur forestier* aura à apprécier la
valeur et l'apropos des actes que lui dévoileront les
archives ; il aura à prendre en considération le caractère public de leurs auteurs. Il aura souvent lieu de
remarquer que les officiers de maîtrise ont été les
faiseurs de fautes, et que *les commissaires-réforma-
teurs* n'ont pas plus réformé ces fautes qu'ils n'ont su
ajouter à l'instruction de ceux qui les avaient com-
mises. Les grands maîtres, qui ne résidaient pas
plus dans leurs départemens que certains évêques
d'autrefois ne résidaient dans leur diocèse, ne pou-

vaient être informés de la dégradation des forêts que par les maîtrises locales. Or, confier à un grand maître la réformation des forêts de son ressort, ainsi que cela se pratiquait, c'était le constituer *juge et partie dans sa propre cause*; c'était manifestement brider à gauche. *Il était juge*, en-tant que réformateur : *il était partie*, en-tant que premier membre de la juridiction qui s'était fourvoyée. **P**ar des procès-verbaux de diligence, les maîtrises se mettaient en mesure, et croyaient remplir le vœu de leur institution; mais la prospérité de nos bois exigeait bien autre chose que ces formalités accessoires.

156. — Comparer une révolution de coupes avec une antécédente révolution des mêmes coupes; observer les différentes *manières d'être* du bois dans une période de temps, pour les rapprocher de ce qu'elles sont dans une autre période; appliquer le résultat de ces comparaisons aux nuances de terrain de telles ou telles localités; étudier les bois sur pied avec ce que *Buffon* appelle la précision du coup-d'œil; les observer *en physicien naturaliste;* spécifier la cause de leur dépérissement; voilà de ces conditions, *voilà de ces devoirs indispensables que ne savaient pas remplir les anciens officiers de maîtrises, et que ne savent certainement pas remplir non plus les fonctionnaires qui les remplacent.* Il faut ne pas perdre de vue que la vitalité des forêts est en raison directe de l'idonéité, du *savoir*, et de

l'aptitude des préposés à leur administration. Leur affecter des conservateurs *qui ne les conservent point,* sans leur affecter aussi des *agens reparateurs* que jamais encore on n'a conçu l'idée de leur attacher, *c'est mettre la piéce à côté du trou :* (qu'on nous pardonne cette locution familière qui rend si bien notre pensée). La masse de nos bois est plongée dans une subversion, dans un abatardissement dont l'agence actuelle est avérément incapable de la retirer, par la raison toute simple que *chez nous, la science forestière n'est pas encore constituée;* et parce qu'elle est toujours à l'état vague, *et non défini.* La perfection d'une science quelconque ne date que de l'époque où l'on commence à la parler avec précision. Eh bien! que les instructions officiellement émanées de l'administration moderne soient, sur cela, la pierre de touche de l'opinion. Citons ces instructions.

157. — Il en est une, du 9 frimaire an 10 (30 novembre 1801) qui a pour objet d'enseigner aux arpenteurs forestiers la manière de s'y prendre pour tracer une échelle : elle ne dédaigne même pas de leur apprendre aussi que *la chaîne est l'instrument dont ils doivent se servir, et que celle de dix mètres est égale au côté de l'arc.* Voila de ces prescriptions oiseuses qui, si on les prenait au pied de la lettre, rendraient ceux à qui elles s'adressent suspectables d'une bien plus petite dose de connaissances acqui-

ses, et d'une bien effrayante insuffisance de talent ; mais nous regardons les géomètres chargés du mesurage des coupes annuelles comme bien supérieurs à de semblables niaiseries. — Poursuivons.

L'instruction précitée ordonne, article 8, *le rattachement du plan à des points fixes choisis parmi les plus remarquables de l'horison.* Voila qui est bien en soi ; mais quand on suppose que les géomètres à qui l'on s'adresse ont besoin qu'on leur enseigne à tracer une échelle, à plus forte raison doit on regarder comme nécessaire de leur parler aussi d'une *triangulation* dont il n'est pas dit un mot, *et sans laquelle il n'y a pas de rattachemens possibles.*

La même instruction, enfin, veut que l'on indique, sur le plan de réarpentage, la position approchée des arbres de cinq pieds de tour, et au-dessus, en désignant leur essence. *Ce moyen,* y est-il dit, page 8, *ce moyen deviendra l'un des plus efficaces pour arriver à la description des forêts, et pour indiquer les ressources que l'état doit s'en promettre ! ! !* ce moyen aussi saugrenu que dérisoire d'indiquer les ressources que l'état doit se promettre de ses forêts, est jugé par sa propre énonciation ; il n'a pas besoin de commentaire. Ce n'est pas tout.

Une autre instruction, du 25 février 1812, n° 4849, 2ᵉ division, enseigne aux arpenteurs vérificateurs que « *le rattachement* DE CHAQUE PLAN DE COUPES *à des points fixes* PEUT SEUL *assurer l'exactitude et*

l'harmonie de l'ensemble du travail! Vous l'entendez, savants de toutes les académies ; géomètres et
professeurs de mathématiques, vous l'entendez!!!
quiconque accepte la mission *d'instruire des fonctionnaires publics qu'il suppose ne l'être point assez,*
encore bien qu'ils ayent la mission délicate de régler
des intérêts contradictoires d'argent entre le trésor
et les adjudicataires de coupes, doit savoir que,
dans l'espèce, *on ne procède pas des détails aux
masses,* et qu'au contraire ON PROCÈDE DES MASSES
AUX DÉTAILS. Il doit savoir qu'*une triangulation
préalable est l'âme du travail,* et que c'est d'elle
seulement que découle l'exactitude, ainsi que l'ensemble de l'opération. Il doit savoir que cette triangulation s'appuye, autant que possible, sur des
points fixes et invariables, *mais non le plan particulier de chaque coupe,* puisque l'ensemble de ces
coupes est subordonné à des lignes d'opérations qui
se lient à une chaîne de triangles trigonométriquement calculés. *Les auteurs de l'instruction précitée
ont donc pris le contrepied de ce qu'il fallait dire :
ils ont donc induit en erreur ceux qu'ils se sont chargés d'instruire.* En ce qui touche les arpenteurs-vé-
rificateurs à qui s'adresse l'instruction *anti-ins-
tructive* qui vient d'être mentionnée, nous ferons
observer, par digression, que ces places ont été
successivement créées, supprimées, rétablies, itéra-
tivement supprimées, et que l'on a, pendant long-

temps, agité la question de savoir si on ne les recréerait pas encore une fois.

158. — Si, à la date du 25 février 1812, l'administration centrale en était à son 4,849e numéro d'instruction, à quel nombre en est-elle donc aujourd'hui ? Il en est des instructions comme des lois ; il faut viser à la qualité plutôt qu'à la quantité. La multiplicité prodigieuse d'instructions éphémères se succédant, se réformant, se rengrégeant les unes les autres, a fait de la machine forestière, comme de la machine cadastrale (*), une sorte de *confusion des langues, un cahos dans lequel il est comme impossible de se reconnaître.* Que s'en suit-il, et qu'avons-nous vu souvent arriver ? c'est qu'en matière d'adjudications de coupes, le trésor ou les adjudicataires sont lézés, soit parce que celui-là donne trop, soit parce que ceux-ci ne reçoivent point assez. Souvent, enfin, *nous avons vu des ordres contradictoires entre eux s'appuyer sur des instructions contradictoires entre elles : nous avons vu des géomètres recevoir, de l'administration, des ordres circulaires tout-à-fait inexécutables, opposés qu'ils étaient aux règles, comme aux préceptes de l'art.* On doit traiter les instructions comme *l'émétique. Les charlatans le donnent à tort et à travers ;*

(*) Nous parlons en connaissance de cause, en-tant qu'ancien vérificateur des plans de masse.

mais le vrai médecin ne l'administre qu'avec discernement. Quel affront pour un siècle aussi éclairé, aussi poli que le nôtre, de voir publier officiellement des instructions aussi hétéroclites que le sont celles que nous venons de signaler à la curiosité du lecteur. Jamais rien d'aussi offusquant ne sortirait de notre administration forestière si elle avait à sa tête des hommes de la trempe des Prony, des Arago, des Biot et des Dupin (*).

159. — Une ordonnance royale, du 11 octobre 1820, a réglé le cautionnement auquel devaient être assujettis les agents forestiers de tout grade, mais on a senti le ridicule de cette ordonnance qui est demeurée sans exécution (**). Il faut à nos forêts

---

(*) Le discours philanthropique prononcé par M. *Charles Dupin*, le 9 novembre 1826, à l'ouverture de son cours de mathématiques et de mécanique appliquées aux arts et métiers, ainsi qu'aux beaux arts ; l'ingénieuse idée de la carte figurative qui se rattachait à ce discours, ont fait connaître à la France la situation précise de son industrie manufacturière. — Un travail analogue pourrait aussi dévoiler au pays son bilan forestier. Mais ce travail excéde si prodigieusement les forces de l'institution chargée de ce service, qu'il ne faut en attendre rien d'aussi vrai, rien d'aussi fort de choses, rien d'aussi lumineux.

(**) Les cautionnemens en inscriptions de rentes étaient :

Pour les conservateurs.	600 francs.
les inspecteurs.	300
les sous-inspecteurs.	200
les arpenteurs.	150

épuisées la garantie du talent plutôt qu'une garantie de finances. Jamais, que nous sachions, cautionnement n'a été imposé aux ingénieurs d'aucune classe. *L'éducation* TOUTE *à* TOUT *que l'on reçoit à l'école polytechnique comporte des garanties bien autrement françaises, et bien autrement rassurantes que celles de l'argent.* Quand l'argent cautionne le devoir, l'homme ne prend pour mesure de son travail, et de ses fatigues que sa commodité personnelle. Ainsi, tant que la nomination aux emplois forestiers, au lieu de s'appuyer sur une somme déterminée d'aptitude spéciale, et de connaissances duement acquises, s'appuiera sur les fantaisies de la faveur, ou d'une préférence sans motifs raisonnables, on ne marchera point avec une allure franche; *on ne fera que se traîner comme le limaçon.*

Nous rentrons dans le sujet principal d'où nous ont fait sortir quelques digressions qui ne lui sont pas tout-à-fait étrangères, et nous revenons à la définition d'un aménagement *proprement dit.*

160. — Les observations, les recherches, les notes de l'*Ingénieur forestier*, soit qu'elles ayent été recueillies sur les lieux, soit qu'elles proviennent du dépouillement fait aux archives, doivent être ins-

---

les gardes généraux.	100
les gardes à cheval.	5o
les gardes à pied.	10

crites en substance sur la minute du plan général qui sera levé préalablement, et avant tout : si la place manque sur le plan pour y faire ces annotations, il faut les inscrire sur des *papiers de retombe*. Au reste, et attendu qu'un *plan-minute* est quelquefois peu maniable, à cause de l'étendue que lui donne assez ordinairement une grande échelle, on peut, à la demande, en faire des arrachemens sur lesquels on établira successivement tous les élémens d'instructions locales qu'il s'agit de se procurer.

161. — Nous avons dit ($.154) que chaque forêt réclame un mode particulier d'usance. Ce mode particulier que doit prescrire la nature du terrain est ordonné d'avance par ce qu'on appelle un *réglement de formation. L'ingénieur forestier* aura à se pénétrer de ce réglement : il aura à rechercher jusqu'à quel point l'application en aura été plus ou moins bien faite à la forêt qui en est l'objet. Il se rendra compte de ce que l'on doit y couper de bois, et de ce que l'on y en coupe en effet. Il comparera l'âge auquel on coupe, avec l'âge auquel on doit couper ; car on ne fait pas toujours ce qu'on doit faire, en cela comme en bien autres choses. Nous avons dit ($.152) *dans quelle grossière méprise à cet égard est tombée l'ancienne maîtrise d'Orléans.* Nous ajouterons que ce qui est arrivé en 1764, dans les *bois de Vitry, arrive encore aujourd'hui*, en ce qui touche les forêts aménagées par l'*ingénieur Chail-*

lou (*). Presque toujours le réglement de réformation veut d'une façon, et néanmoins on fait de l'autre. Une fois que l'on a perdu le point de mire, on s'embrouille progressivement, et de manière à ne plus s'entendre soi-même. *On devient semblable à ceux qui connaissent les rues de Paris, mais qui ne savent rien de ce qui se passe dans les maisons. L'ingénieur forestier* donc, devra ne pas lâcher prise avant d'avoir découvert où ont été assises les ventes de chaque année. Il se procurera les figures de chacune d'elles ; il les rapprochera toutes les unes des autres pour en composer l'ensemble de la forêt, sous le rapport seul du mode de ses usances. Sans ce procédé, et autrement que par ce procédé, il ne connaîtra point, ou il connaîtra mal la marche qui aura été suivie. *Or cette marche est infiniment importante à constater, afin de savoir si, tandis qu'on a coupé des bois trop jeunes pour l'être, on n'en aurait pas laissé sur pied d'autres qu'il eût fallu mettre en ex-*

(*) Ces aménagemens sont au-dessus de la compréhension de ceux à qui l'exécution en est confiée. Ils ne savent ni les suivre, ni s'y conformer. Par exemple ; la *f rêt de Bercé* contenant 10,245 arpens, 15 perches, a été aménagée, en 1783, à 100 ans d'âge pour la futaie, et à 30 ans pour les taillis : mais *ces dispositions n'ont point été suivies par les agens locaux*. Cela est si vrai qu'en 1830, *on y a exploité des futaies âgées de 300 ans*. À quoi donc servent les aménagemens, s'ils sont en pure perte pour le trésor, et si *nos agens forestiers actuels ne savent ni les comprendre, ni les exécuter* ?

ploitation, *et dont on a oublié le rang de coupe*.
Cette pratique est si commune, elle est si généralement usitée qu'elle est devenue, presque partout,
une des causes occasionnelles et journalières de l'é-
puisement des souches, et par conséquent de la ruine
des bois. *L'instruction du 7 juillet* 1824, sur les
aménagemens, mentionnée (§. 105), et dont nous
avons bien étudié les dispositions, *ne dit pas un mot
de cet abus des choses, non plus que des moyens de
le prévenir.* Il faudrait, pour y mettre ordre, n'employer que des instrumens homogènes, bien assortis, sachant se comprendre mutuellement, et *capables de co-agir dans l'intérêt bien entendu du service.* Mais ce but ne sera jamais atteint aussi long-
temps qu'à des sujets pourvus d'usage, de *savoir*, et
de capacité, l'on accolera des hommes nuls, et ne
sachant même pas leur orthographe. *C'est surtout en
matière de foresterie que le rang le plus élevé s'appuie
sur le rang le plus bas.* Les gardes-à-pied, même,
ont besoin d'avoir un peu l'esprit d'ordre, l'esprit
du métier, *comme il arrive des simples piqueurs au
corps royal des ponts et chaussées.* Mais, au reste,
si quelques gardes-à-pied péchent par ignorance,
cela leur est commun avec certains agens d'un grade
plus relevé : or cela semble doublement étrange dans
le siècle où nous vivons. L'intervertissement des
coupes est chose si commune, ce genre de désordre
a poussé de si profondes racines, que la vicieuse

exécution d'un réglement de réformation qui, lui-même, pour la plupart du temps, était vicieux de sa nature, *en tant que mal adapté aux localités*, a souvent nécessité une réformation itérative, après une ou deux révolutions de coupes. C'est ainsi que, dans un intervalle de 114 ans, la forêt d'Orléans a subi six réformations, savoir : en 1671, en 1719, en 1721, en 1742, en 1751 et en 1785.

162. — En tant qu'ingénieur de cette derniére réformation, nous avons été à même de tout observer, et de voir les choses de près. Or nous avons vu que, jusqu'en 1719, cette forêt avait été coupée à 100 ans d'âge, d'abord, et ensuite à 50 ans. Nous avons vu qu'à partir de 1719, elle avait été usée aux âges de 40 et de 30 ans. Nous avons vu que l'âge excessif de 100 ans a ruiné les souches à ce point là que, *depuis 1671 jusqu'en 1721, cette forêt a perdu 32,000 arpens de sa superficie boisée*. Nous avons vu partout la loi méconnue quant à la lettre et quant à l'esprit. Nous avons vu que des arrêts du conseil du roi, que des décisions du conseil du prince apanagé, que des réglemens de réformation, et qu'enfin des ordonnances de la maîtrise elle-même, sont demeurées sans exécution, *et tout cela faute d'avoir eu des instrumens bien assortis, bien appropriés à la nature du service*. On voit, par là, combien de causes ont conspiré l'épuisement des fonds ! toutes les fois donc qu'il s'agira d'aménager une forêt, *l'ingénieur forestier* devra rechercher comment les coupes y avaient été ordonnées, et comment cet ordonnancement s'y est exécuté *bien ou mal*, afin d'en conclure pour ou contre la nécessité d'en rajeunir les bois.

163. — Nous insistons sur ce que le plan qui sera levé (*) *devra faire connaître partout l'âge des bois.* En mesurant les lignes d'opération, on devra stationner sur tous les points où il y a changement d'âge. Il faut fureter ces âges divers, et se les procurer comme *données* d'une grande importance. Ainsi, dans la figure de chaque coupe, on aura à inscrire 1° son nom ; 2° l'année de son exploitation. Ainsi, par exemple (*noue-large* 1819) exprimera que *la vente est située à la noue-large*, et que *sa dernière exploitation date de* 1819. — Lorsqu'on aura rempli les conditions qui viennent d'être successivement indiquées, on commencera à s'introduire dans la connaissance *du faire*, et de la manipulation de la forêt à réformer. Il faudra en examiner les différentes veines de terres. Ces veines et qua-

---

(*) Notre triangulation du plan général de la forêt d'Orléans s'appuie sur une base de 7,012 perches 69" (plus de 12 lieues communes) à laquelle se rattache un réseau de 57 triangles, ainsi que la position de dix clochers de villes, bourgs, couvents et paroisses rurales. Les calculs et tableaux de cette opération sont consignés dans notre *Traité des aménagemens*, publié en 1789.

lités diverses devront être annotées sur le plan avec une exactitude empressée.

164. — En agriculture générale, comme en agronomie forestière, on admet cinq espèces principales de terre.

1° Celle qu'on appelle *humus*. Elle est le produit de la décomposition des plantes qui croissent sur la surface terraquée. Les forêts sont singulièrement propres à sa concrétion, par le détritus des feuilles et des branches pourries.

2° La *marne* qui, d'après ses propriétés extérieures, paraît être le résultat fortuit de diverses terres siliceuses, magnésiennes, calcaires, argileuses, entraînées par les pluies et par les orages.

3° La *craie* qui est une espèce de terre calcaire, argileuse, dont les parties, vues au microscope, sont convexes, ou présentent des spirales, et autres parties atténuées de madrépores.

4° La *terre calcaire* qui se forme de la même manière que la craie ; qui montre les mêmes formes ; mais qui présente, en outre, des madrépores entiers, et des coquilles de toutes espèces unies à l'argile.

5° L'*argile* ou la *glaise* dont les molécules très-rapprochées les unes des autres, font un corps dense, compacte, serré, difficilement pénétrable à l'eau, et qui, lorsque ce fluide en a été chassé par le feu, devient tellement impénétrable à toute humidité que, réduite en poudre fine, elle ne s'humecte plus que comme du sable broyé ; elle a perdu toute sa viscosité, toute sa densité. L'argile est si généralement répandue dans la nature qu'il est très-peu de substances qui n'en renferment. L'argile contient considérablement de terre siliceuse, et réciproquement, les terres siliceuses contiennent beaucoup d'argile. La surface du globe présente généralement une couche de terre productive. Cette couche qui a plus ou moins d'épaisseur est diversement combinée.

165. Les bois ne profitent qu'autant que le lit de bonne terre peut suffire à leur entretien.

166. — Pour se maintenir perpendiculaire à l'horison, et pour résister à la violence des vents, il faut ou que l'arbre pivote, ou qu'il prenne de l'empattement, et qu'il étende largement ses racines. L'arbre devient rarement beau lorsqu'il n'a qu'une racine pivotée : c'est ce qui arrive lorsque, dans sa jeunesse, ce pivot trouve une veine de terre favorable dans laquelle il peut piquer fort avant. Mais un arbre pivotant n'est jamais aussi complètement en contact avec le sol que l'est celui dont les nombreuses racines s'étendent au large, et lui servent d'assiette : ces racines multipliées sont comme autant de pompes aspirantes des sucs nourriciers répandus dans le commun réservoir.

167. — Le baliveau sur taillis est un gourmand qui consomme toute la substance nutritive que ses racines peuvent atteindre. C'est une sorte de *droit d'aînesse imposé aux forêts :* c'est l'image du plus fort qui dépouille le plus faible, et qui vit à ses dépens. Au reste, l'institution des taillis-baliveaux était parfaitement dans l'intérêt des anciennes maîtrises. En effet, le salaire qui était de *trente sous* par arpent de *taillis-baliveaux*, aussi bien que par arpent *de futaie*, n'était que de *dix sous* par arpent de taillis simple. Ainsi l'élaboration de 1,200 arpens de ceux-ci n'était pas plus rétribuée que l'élaboration de 400 arpens de ceux-là qui étaient, dès lors, l'objet d'une préférence instinctive. Il est vrai, du moins, que les anciennes maîtrises n'ont jamais réclamé contre le préjudice que cause *à l'état* la réserve des baliveaux sur taillis, et que jamais elles n'ont sollicité la réforme de cet abus nuisible sous le double rapport du produit en argent, et de la conservation de l'espèce.

168. — Nous avons dit (§. 109) que tout arbre est composé de cônes ligneux concentriques et superposés ; que chaque année produit sa couche de cônes ; et qu'enfin chacun de ces cônes est formé par une réunion de tubes capillaires par lesquels la sève se porte depuis l'extrémité des racines jusqu'aux sommités. Ceci posé, quand on exploite le

taillis, et que, par là, les baliveaux de réserve se trouvent isolés, leur nudité les rend plus sensibles aux impressions de l'air, et surtout à l'action de la gelée. A mesure donc que, par l'effet de cette dernière cause, la sève passe de l'état liquide à l'état de congélation, les tubes qui la contiennent se tendent progressivement jusqu'à se rompre. Souvent même le craquement des arbres qui se fendent avec violence se fait entendre de fort loin. Une fois que les tubes sont déchirés, la sève s'extravase par les ouvertures qu'elle rencontre. Il s'établit, le long du corps de l'arbre, de nouvelles branches. Si la sève ne produit pas de ces branches nouvelles, elle alimente avec profusion celles qui, parmi les anciennes, s'offrent à elle les premières. C'est au profit de ces branches privilégiées que se fait la grande consommation des sucs nutritifs. Il arrive alors que les nouvelles branches latérales vicient le corps de l'arbre auquel elles sont imposées; *des nœuds font solution de continuité dans sa contexture;* le bois se tranche, et devient d'un service équivoque, pour ne pas dire dangereux. Le *branchage accessoire* dont nous venons de parler étouffe le taillis renaissant. Les mêmes effets se reproduisent à chaque usance, tellement qu'en définitive, les baliveaux épuisés par ces productions latérales, deviennent, en grand, ce que sont, en petit, les arbres à quenouille de nos jardins; *ils se couronnent, et meu-*

rent en cime. Quand vient le moment de les exploiter, leur souche altérée ne produit rien, ou ne
produit que des rejetons mort-nés. Les places qu'ils
occupaient restent vides ; *le jeune bois qui les envi-
ronne est languissant.* En un mot, on ne peut se
promettre de la réserve des baliveaux que des taillis
dépérissans par la gelée, par l'ombrage, ou par le
défaut d'air, avec quelques petits chênes rachitiques,
contrefaits, et mourants d'une vieillesse prématurée.
Il est bien reconnu, et c'est un fait d'expérience,
que la réserve des baliveaux sur taillis n'a jamais
procuré les avantages qu'avait en vue l'ordonnance
de 1669. *Réaumur* et *Buffon* ont démontré que le
bois de baliveau est moins bon qu'aucun autre ; que
la graine de ces arbres ne peuple point d'une manière utile ; que les taillis qui en sont couverts sont
beaucoup plus accessibles à la gelée que ne le sont
les taillis simples ; et, qu'enfin, le fonds de nos
forêts est étrangement compromis par cette réserve
partielle contre laquelle on ne saurait trop s'élever.
— » *Il est certain*, dit Buffon, *que le baliveau fait
» plus de tort au taillis, et qu'il cause plus de perte
» au propriétaire qu'il ne donne de bénéfice.* »
Quand un ancien baliveau a été mis bas dans les
terrains maigres, ou médiocres, *sa souche reste
frappée d'une stérilité radicale.* Autant il y a de ces
arbres récemment exploités, autant il se fait de vides
d'une superficie égale à celle que couvrait leur bran-

chage. Il est, enfin, démontré par le calcul qu'*il ne faut que sept révolutions successives de baliveaux, à raison de* 16 *par arpent, pour dépeupler, et pour détruire irrémédiablement un arpent de bois.* Il faut donc ne pas être surpris de voir des forêts contemporaines du berceau de la monarchie *réduites au quart, au tiers, et quelquefois à moitié de leur ancienne contenance.* Dans un précédent ouvrage, nous avons prouvé, par les chiffres, que, sur les bois du roi de la forêt d'Orléans (sans parler de ceux qui étaient alors grevés du droit de gruerie), *la réserve des baliveaux cause, au prince apanagé, une perte annuelle, et sans compensation aucune, de* 74,800 *francs.* Il doit se trouver, *dans les archives du Palais-Royal,* un mémoire qu'à ce sujet nous fûmes admis, dans le temps, à présenter au prince *Louis-Philippe-Joseph.*

Si l'on veut se procurer un terme de comparaison entre la réserve et la non-réserve des baliveaux, on le trouvera dans le *Morvan.* Les forêts de cette ancienne province sont, peut-être, les seules de quelqu'étendue qui ayent refusé d'obéir à l'ordonnance de 1669, *en ce qui touche la réserve des baliveaux.* Aussi ces forêts qui servent à l'approvisionnement en chauffage de *Paris,* sont-elles encore aujourd'hui aussi pleines, aussi massives qu'elles l'étaient quand fut promulguée ladite ordonnance. Le seul moyen, le moyen unique et infaillible d'arracher la forêt d'Orléans à son progressif et rapide anéantissement, serait de renoncer, *hic et nunc*, à toute réserve de baliveaux, et de l'exploiter à *coupes blanches*. Peut-être y aurait-il, dans les *garderies du Milieu, de Neuville* et *de Courcy*, quelques exceptions à faire ; mais ces exceptions seraient infiniment rares si l'on voulait obtenir un succès complet. Nous soumettons aux méditations du conservateur des forêts de *sa majesté* Louis-Philippe, l'idée de cette mesure dont nous croyons devoir affirmer la convenance, pour ne pas dire l'urgence. *Elle aurait le double résultat de sauver les fonds de leur épuisement déjà si grave, et d'augmenter notablement le produit annuel.*

169. **D**ans les hivers rigoureux, il est de remarque que la rupture des arbres s'opère en raison de ce qu'ils ont plus d'âge. En effet, le bois le plus ancien est aussi celui qui renferme la plus grande masse de *tubes-réservoirs du liquide séveux dont la congélation augmente le volume.* Or la puissance est en raison directe de la masse du liquide congelé, donc le vieux bois rompra plutôt que le jeune. Il faut donc, *en règle générale*, exploiter un peu avant leur complète maturité, les forêts dont les fonds sont maigres et mouillés ; dont les bois sont mal plantés, rabougris, *pauvreteux*, et sans hauteur ; par la raison qu'étant rajeunis dans des périodes convenablement rapprochées, ils seront moins en risque de se

gourmer, de contracter des nodosités, et même de rompre, qu'ils n'y seraient exposés étant plus vieux. C'est surtout à la forêt d'Orléans qu'est applicable ce que nous venons de dire : *elle était, autrefois, belle et bonne*, mais *pour avoir été mal comprise, et mal traitée, elle est devenue laide et mauvaise.*

170. Dans les gelées d'hiver, la face des arbres exposée *au nord* est la plus endommagée. Dans les gelées blanches, au contraire, la face la plus mal-traitée est celle qui est en regard de l'*est* et du *sud*.

171. — Si la gelée exerce sa nuisible influence sur les gros bois, à cause de la solidité résistante de leurs filamens ligneux, elle l'exerce pareillement sur les bourgeons, par la cause inverse de l'extrême ténuité de leurs parties constitutives. *C'est ainsi qu'une même cause modifie ses effets en raison de l'état des corps sur lesquels elle agit :* c'est ainsi que les extrêmes se rapprochent sans jamais se confondre. On conçoit que plus le bourgeon est jeune et tendre, plus aussi il est accessible à l'action de la ge-lée, parce que les tissus dont se compose sa tige à peine sortie de terre, ainsi que ses feuilles demi-écloses n'ont encore aucune consistance qui se puisse évaluer. La nature est, dès-lors, arrêtée dans son début par l'action subite des premiers rayons du so-leil qui ont bientôt brulé ces tiges naissantes, et crispé ces feuilles à peine écloses.

172. — L'observation a fait reconnaître que les terres excessivement glaiseuses, crétacées, marneuses, sont récalcitrantes à la végétation. Il est à remarquer, néanmoins, que *la pierre à chaux*, et *même le marbre*, encore bien qu'ils ne subissent leur décomposition qu'avec résistance, *n'en sont pas moins propres au développement des graines.* Il n'est pas rare de rencontrer de fort belles productions dans des terrains surchargés de pierres et de cailloux. *La forêt de Montargis* en offre un exemple très-remarquable : le fait est, d'ailleurs, constaté par les expériences de *Tillet* reprises, en 1781, par *Teissier.* Tous deux ont fait pulvériser des moëllons, des cailloux, et des marbres. Au moyen de cuviers défoncés, cette poussière a été mise en contact avec le sol. Il a été confié à ce résidu toutes sortes de semences qui ont parfaitement bien réussi. On a eu soin, au reste de les arroser souvent, et de ne les point isoler du terrain sous-jacent.

173.—Long-temps avant *Priestley* et *Ingenhouss,* l'académicien *Guettard* avait pensé que l'organisme ligneux comportait une circulation de fluides qu'il voulut constater avec précision. Fortement préoccupé de cette idée, il introduisit les rameaux d'une branche d'arbre dans un recipient. L'appareil fut disposé le matin : le soir, le ballon se trouve contenir un volume d'eau assez considérable. L'expérience

fut répétée avec la précaution de luter hermétique‑
ment l'orifice du matras, et le volume d'eau se
trouva bien plus abondant que la première fois. Dans
une troisième expérience, les branches introduites
dans le ballon furent coupées ric‑à‑ric, en sorte que
l'appareil fut isolé de l'arbre, et rendu disponible.
Il fut, dès‑lors, facile de peser le volume d'eau qui
se trouva être d'un poids parfaitement égal à celui
des sommités par lesquelles s'était faite l'exsudation.
On en tira la conséquence qu'il n'y a pas d'arbre,
tant gros soit-il, qui ne prenne et ne rende, en
24 heures, un volume de fluide aqueux de pesanteur
équivalant à sa masse. Cette expérience répond, à
certains égards, à la lettre du ministre de l'intérieur
ci-devant mentionnée (§. 11). La constitution at‑
mosphérique a très-nécessairement dû se modifier
par suite du déboisement progressif dont parle son
excellence. En effet, l'ingénieuse expérience de
Guettard prouve que les immenses surfaces boisées
qui ont successivement disparu remplissaient les
fonctions d'un vaste alambic par rapport aux fluides
aériformes dont l'horison est toujours plus ou moins
chargé. Ces vapeurs, par une sorte de distillation
quotidienne, devenaient bien moins condensables;
presque toujours elles étaient à l'état de légèreté :
de là des pluies moins fréquentes, et des saisons
mieux réglées.

174. — L'expérience de *Guettard* appuie aussi

ce que nous avons dit (§. 171) de l'action des gelées sur les très-jeunes bourgeons qui, de leur nature, sont fort aqueux, et dont les pores, singulièrement dilatés, sont ouverts à toutes les influences de la température. L'effet en est remarquable, surtout à l'égard des bois naturellement *pauvreteux*, ou situés de manière à ce que les rayons solaires y frappent d'aplomb.

175. — L'écoulement des eaux stagnantes, s'il ne paralyse pas tout-à-fait l'action de la gelée, peut, du moins, en atténuer notablement l'intensité. Il convient donc d'étudier les pentes du terrain; il faut, même, les régler, si cela est nécessaire, afin de conduire les eaux pluviales, soit dans des rigoles de dégorgement, soit dans les fossés dont nous parlerons, plus tard, comme devant être ouverts pour séparer les coupes entre elles.

176. — Nous venons de dire comment l'*ingénieur forestier* devra lever une surface boisée avec l'intelligence et les détails commandés par l'objet. Il a étudié la nature et la qualité des terrains divers qu'il a eu à parcourir. Des témoignages intermédiaires n'ont pu l'induire en erreur; il a tout vu *propriis oculis*. Lorsqu'il abordera la question des âges d'exploitation, il aura à calculer si, dans l'intérêt du fisc, comme dans l'intérêt du tréfoncier, et *surtout dans celui de la forêt*, il n'y aurait pas plus de profit en

coupant cinq fois à 20 ans, qu'il n'y en aurait à ne couper qu'une fois à cent ans. Dans l'hypothèse de 5 coupes, à 20 ans, on aura :

1° — Le produit de la 1re coupe que nous supposons être 100 fr. par arpent âgé de 20 ans. 100^f.»

2° — Intérêt de ce 1er capital, pendant 80 ans. 400 »

3° — Capital de la 2e coupe, au bout de 40 ans. 100 »

4° — Intérêts de ce 2e capital, pendant 60 ans. 300 »

5° — Capital de la 3e coupe, au bout de 60 ans. 100 »

6° — Intérêts de ce 3e capital, pendant 40 ans. 200 »

7° — Capital de la 4e coupe, au bout de 80 ans. 100 »

8° — Intérêts de ce 4e capital, pendant 20 ans. 100 »

9° — Capital de la 5e coupe, au bout de 100 ans. 100 »

Un même arpent coupé 5 fois, à l'âge de 20 ans, produira donc en principaux et intérêts, 1500 »

Ainsi, le père de famille qui, peut-être n'aurait pas vendu 1500 francs son arpent de bois *âgé de 100 ans*, en retira cette somme par 5 coupes à

20 ans d'âge. Il y a surtout, dans ce procédé, l'inappréciable avantage de conserver au terrain toute sa vigueur, et aux souches toute leur vitalité. Des faits positifs vont justifier ce que nous venons d'établir par hypothèse.

177. — *Pendant que, dans la forêt d'Orléans, on coupait à* 100 *ans d'âge les bois du roi, les bois en gruerie s'y exploitaient à* 20, *et à* 25 *ans, cæteris paribus, et à parfaite égalité de fonds de terre.* Voyons, par le relevé des adjudications, ce qu'ont produit les uns et les autres.

178. — Depuis 1680 jusqu'à 1689, il fut vendu, année commune, dans les *bois du roi*, 1062 arpens qui produisirent un total général de 52,232 liv. 10 s. 3 d., ce qui établit à 49 liv. 3 s. 7 d. le prix réduit de l'arpent âgé de 100 ans. — Dans le même intervalle de 1680 à 1689, il fut vendu, année commune aussi, dans les *bois en gruerie*, 1781 arpens 83 perches, qui produisirent un total général de 31,939 liv. 16 s. 6 d. ce qui porte à 17 liv. 18 s. 7 d. le prix réduit de l'arpent âgé de 20 à 25 ans. Ainsi, dans une période de 100 ans, l'arpent, âgé de 25 ans, a produit au moins quatre fois

17 l. 18 s. 7 d. = ... 71 l. 14 s. 4 d.

tandis que l'arpent de 100 ans d'âge n'a produit que. . . . . . 49—3—7

Il y a donc, pour les bois du roi, un déficit de. . . . . . . 22—10—9

Durant cette période, les bois du roi, sous le seul rapport du revenu, ont eu *le dessous* dans le rapport de 49 à 71. Mais ce qui est bien autrement grave, et bien autrement désastreux, c'est qu'ils ont été maltraités dans une proportion immense, dans une proportion indéfinie quant à la ruine du sol et du fonds de la forêt. On y voit tels cantons où il faut deux, et quelquefois trois arpens de surface pour représenter un arpent de bois plein. Poursuivons.

179. — De 1720 à 1729, le prix réduit de l'arpent des bois du roi fut porté à 113 liv. 4 s. 4 d. — Dans ce même intervalle, les bois en gruerie, limitrophes, et situés en même fonds, ont été vendus au prix réduit de 60 liv. 8 s. 8 d. Ainsi, durant une commune période, l'arpent de bois âgé de 20 à 25 ans a produit 4 fois 60 l. 8 s. 8 d. $=$ 241 l. 14 s. 8 d. tandis que l'arpent de bois du roi

n'a produit que. . . . . . . 113—4—4

Il y a donc eu, pour les bois du roi, un déficit de. . . . . 128—10—4

Ainsi, durant cette dernière période, les bois en gruerie appartenant à divers tréfonciers, *ont été plus productifs, et mieux gouvernés que les bois de l'État dans le rapport de 241 à 113.*

180. — Plusieurs analyses, plusieurs calculs de rapprochement, beaucoup de comparaisons de localités nous ont ramené à ce point de doctrine expérimentale que, dans cette forêt, ainsi que dans toutes

les autres, toujours les bois ont été, et sont encore coupés trop vieux ; et pourtant la forêt d'Orléans, (nous le répétons parce que le sujet nous y entraîne) la forêt d'Orléans a toujours été prônée *comme l'une des mieux tenues du royaume*. Que l'on juge des pertes que doivent subir celles-ci par le désastre de celle-là: Il semble, au reste, que l'on commence à comprendre cette vérité, puisque, dans l'*Eure* où le terrain est d'une fécondité parfaite, les aménagemens qui étaient fixés à l'âge de trente ans, ont été réduits à celui de vingt (*).

181. — Quand une forêt à aménager est limitrophe, ou quand elle est entremêlée d'autres bois dont l'état n'est pas propriétaire, on ne saurait trop soigneusement examiner le mode d'usance adopté par les tréfonciers riverains. Si, à parité d'essence, et *toutes choses égales, d'ailleurs*, les propriétaires contigus coupent à l'âge de 20 ans tandis que ceux de l'Etat sont exploitées à 40 : si ceux usés à 20 ans sont vigoureux et bien fournis, quand ceux coupés à 40 sont fatigués, et tendent à s'éclaircir, il y aura lieu de conclure que ceux-là sont administrés avec plus d'intelligence, avec plus de discernement que ceux-ci. La conduite de plusieurs tréfonciers qui voyent avec *l'œil du maître*, et qui ne tuent *pas la*

(*) Annales françaises des arts, des sciences et des lettres, tom. 9, pag. 64.

poule aux œufs d'or, est un avertissement qu'il ne faut pas perdre de vue. On s'étonne que l'administration dédaigne des exemples si profitables à suivre ! Dira-t-on qu'il est de la dignité du gouvernement de livrer à la consommation des bois de gros calibre ? Dans l'espèce, l'autorité du gouvernement est impuissante : nulle volonté, nul pouvoir ne contraindra la nature à produire de la corde parée dans un terrain épuisé qui ne peut fournir que de la corde à charbon. D'ailleurs, quand les bûches excèdent une certaine dimension, le marchand ne manque jamais de les fendre, pour augmenter le volume de sa marchandise, et pour qu'il y ait plus de lacunes dans son cordage. Il est donc inutile de rebuter le sol pour lui imposer de gros cylindres qui ne doivent pas rester entiers.

182. — Pour se familiariser avec la valeur des bois, l'*ingénieur-forestier* devra faire un étude de l'*exploitation proprement dite*, et se rendre habile à l'estimation des bois sur pied. Il aura à se rendre compte de la quantité de cordes que produit un arpent de vingt ans, un autre arpent de trente ans, et un autre arpent de quarante ans : ces trois arpens de divers âges seront pris dans des fonds de terre qui soient de qualité parfaitement égale entre eux. Il y aura à comparer entre eux aussi les produits de chacun de ces trois arpens, pour conclure de cette comparaison lequel des trois âges il y aura lieu d'a-

dopter, dans l'intérêt du produit annuel combiné avec le ménagement du fonds *auquel il faut pourvoir avant tout*. Dans ses estimations, l'*ingénieur-forestier* aura à prendre en considération la superficie des vagues qui seront à défalquer du plein bois. Il aura à comparer entre elles les diveress sortes de marchandises fabriquées. Il aura à déduire, de leur produit brut, le prix des façons, ainsi que les droits et charges d'adjudication imposées sur chaque coupe. Enfin, il se rendra familier les prix de transport, eu égard à la distance des lieux où les matières fabriquées sont à livrer (*).

(*) Voici le détail de ce qu'étaient, en 1788, les frais de la corde, prise dans la forêt d'Orléans, et rendue à Paris. *Nous parlons de la corde de Port ayant 8 pieds de couche ; 5 pieds 2 pouces de hauteur ; 3 pieds 6 pouces de longueur de buche, et cubant 148 pieds*, c'est-à-dire *deux voies et demi de Paris*.

Cette corde, en bois sur pied, déduction faite des deux sous pour livre, des droits de greffe, et autres charges était évaluée à.

	l.	s.	d.
luée à.	25	»	»
Façon et levage.	2	»	»
Voiture de la vente au port du canal. . .	6	»	»
Transport par eau à Paris.	15	»	»
Débardage à Paris, dans le chantier. . . .	1	16	»
Mise à port, et domaine de bateaux. . .	»	10	»
Droits, à raison de 5 liv. 12 s. 6 d. par voie.	14	1	3
Capitation, vingtièmes, milice, et frais de communauté à 4 s. par voie.	»	10	»
Frais de garçons de chantier et de voyages. .	»	10	»
Total.	65	7	3

183. — Lorsque toutes ces notions seront acquises, ainsi que toutes celles qui s'y rattachent, *l'ingénieur-forestier* aura à porter ses regards sur la
physionomie des coupes en exploitation. Si le bourgeon se montre sous la coignée; si les ventes d'un
et de deux ans de coupe sont peuplées de rejets bien
venans et bien élancés, il y aura lieu de conclure
que l'âge adopté est en rapport convenable avec la
qualité du sol.

184. — Du *minimùm* au *maximum*, il tombe,
par an de 17 à 22 pouces d'eau. 17 pouces constituent les années séches, comme 22 pouces constituent les années le plus humides. Or si, de deux
années, l'une qui était humide a lancé des pousses
plus hautes, mieux nourries, et plus vigoureuses
que ne l'a fait l'autre année qui était séche, ce sera
une présomption que le terrain est aride, de sa nature, et que les années pluvieuses conviennent au
développement de la sève, comme au succès de la
végétation : *et vice versâ*.

185. — Si, un an, deux, trois, huit, dix ans,

La voie était alors taxée à 27 fr. Or la corde étant de deux voies et demie produisait. . . .	67	10	»
Il n'y avait de frais que pour.	65	7	3
Il restait donc pour le bénéfice du marchand.	2	2	9
Balance.	67	10	»

plus ou moins, après l'exploitation d'une coupe, les bourgeons n'apparaissent pas encore, il ne faudra pas en accuser la nature qui ne fait rien qu'avec une admirable sagesse. *Cet état d'improduction n'est imputable qu'à l'impéritie des agens qui ont réglé l'âge des coupes à l'hurlure et sans consulter la portée du sol.* En l'épuisant comme on est dans l'imperdable habitude de le faire, il ne produit plus que des *bourgeons squélettes et monômes.* Ces rejets beaucoup plus lents à s'élever, sont, par cela même, plus long-temps exposés à l'action des gelées qui sont d'autant plus pernicieuses que les bois sont plus aqueux, plus chétifs, et plus misérables, ainsi que nous l'avons déjà dit (§. 168).

186. — Aussitôt que l'*ingénieur-forestier* aura la certitude acquise que les bois de la forêt à aménager sont outrés d'âge, et que cette forêt perd des feuilles par l'effet consécutif du repos que sont forcées de prendre les souches, il aura à s'assurer si ce vice d'administration pratique règne partout, ou seulement sur quelques points de localité, afin de ne rajeunir que ce qui a besoin de l'être.

187. — Nous avons dit (§. 154) et nous ne saurions trop répéter que l'unique moyen d'atteindre le but, c'est de dépouiller, dans les archives, les arpentages de toutes les coupes exploitées pendant la révolution complète de la forêt à restaurer. Cette collection de figures éparses, que représente assez bien

le jeu dit *de casse-téte*, doit recouvrir, sans plus ni moins, toute la surface du plan, et s'y trouver en parfaite concordance périmètrale. Si, dans cette épreuve, quelques portions demeurent à découvert, cela démontre irréfragablement qu'il y a eu désordonnance dans l'assiettedes coupes. Ce plan recouvert de pièces et de morceaux superposés, enrichi de toutes les notes locales, de tous les repaires, et de tous les documens spécifiés (§. 154); ce plan qui sera la description parlante du terrain, ainsi que du mobilier qui le recouvre, mettra au grand jour tout ce qui, jusqu'alors, aura été enseveli dans l'obscurité. Chacun y pourra lire les intervertissemens, les *écoles*, les lourderies qu'il n'y aura plus moyen de dissimuler : l'administration et les administrateurs y seront JUGÉS PAR LEURS ŒUVRES. Des plans ainsi conçus seront, en agronomie forestière, le *quò sistam* qui manquait à *Archimède;* mais de tels plans sont impossibles dans le système actuel, *puisque les agens qu'on prépose au service sont impropres à constater l'identité des coupes indiquées par le plan, avec les coupes correspondantes à exploiter sur le terrain* (§. 161).

188. — Les bois vivent et se conservent par *intussusception.* Il ne faut pas considérer leur vie comme une chose déterminée, ni comme une quantité absolue. Elle n'est qu'une propriété relative, et capa-

ble d'augmenter, ou de diminuer, selon que la nature reste libre d'en régler la répartition *sans obstacles et sans contrainte*. Ils se nourrissent de substances inorganiques dont la merveilleuse digestion, dont l'assimilation se prépare dans la terre qui semble être l'estomac des plantes. *Quemadmodùm terra arboribus, ita animalibus ventriculus*, a dit *Hippocrate*. Or l'arbre est le plus gand des végétaux.

189. — La vie des bois commence à s'éteindre long-temps avant qu'ils s'éteignent absolument eux-mêmes. Lorsqu'une forêt céde aux catastrophes que lui prépare, *depuis plusieurs siècles, le choix trop superficiel des préposés à son administration*, cette forêt décroît progressivement dans sa majesté, comme dans son étendue ; elle devient toute différente de ce qu'elle était dans sa splendeur originaire. Les individus dont elle se compose n'ont pas tous la même vigueur de constitution : *c'est par degrés qu'elle a commencé à vivre ; c'est aussi par degrés qu'elle disparaît, et qu'elle retourne au néant.* Quand elle touche au terme de sa durée, on ferme nonchalamment les yeux sur tout ce qui lui manque, pour ne voir que le peu qui en reste ; et sur ces restes prêts à nous échapper, on fonde des espérences trompeuses dont le temps (*tempus edax rerum*) justifiera trop tôt l'inanité. L'on semble se complaire dans cette sorte de léthargie, parce que le revenu s'accroît à mesure que l'espèce, devenant plus rare, devient plus chère

*aussi. Ces trompeuses richesses se versent au trésor ;
voilà le ministre content : le traitement des préposés
se paye avec exactitude, et chacun, sous ce rapport,
est satisfait dans son grade respectif : mais, à travers cette commune hilarité de l'égoïsme, que devient la pressante question du sort à venir de nos
forêts ? où et comment s'approvisionneront nos neveux ? et peut-être nous-mêmes ?*

190. — La progressive et rapide augmentation
du prix des bois témoigne assez combien la chose
vaut la peine qu'on y pense ; le tableau qui va suivre
portera démonstration à cet égard : les élémens en
sont puisés dans la forêt d'Orléans. Nous avons déjà
cité, et nous aurons occasion de citer encore cette
importante forêt qui, en 1671, contenait 121,000
arpens de bois effectifs ; qui, en 1721, n'en contenait plus que 89,000, (*et qui, dès lors, avait perdu
32,000 arpens de sa surface, dans un intervalle de
50 ans*) : *dans laquelle, en 1788, on coupait annuellement 3,224 arpens*, savoir, 2,000 arpens de
bois en gruerie, et 1,224 arpens de bois du roi :
*qui, tous les ans, livrait au commerce 25,712 cordes
de bois ; qui, à la même date de 1788, fournissait
à la consommation de Paris un contingent annuel
de 45,985 voies de bois neuf ; dont le pâturage était
ouvert à plus de 17,000 bêtes aumailles, à plus de
32,000 bêtes à laines, et à plus de 2,700 chevaux :*

cette forêt, enfin, *qui renfermait dans son enclave plusieurs villes, trente-huit paroisses entières ; qui, en outre, occupait une partie de trente-huit autres paroisses, et que régissaient trente-quatre officiers forestiers.* C'est dans cette forêt si importante, si rapprochée de la capitale, et surtout si maltraitée *par le successif apprentissage de tous et de chacun de ses administrateurs*, depuis 1671 jusqu'à ce jour que, dans leur prix marchand, les bois ont subi la progressive augmentation dont nous allons spécifier les dates et le *quantùm*.

ÉPOQUES	PRIX RÉDUIT de l'arpent.			AUGMENTATION de prix.			DANS UN intervalle de
	l.	s.	d.	l.	s.	d.	
De 1680 à 1689 —	49	3	7	64	»	9 —	49 ans.
1720 à 1729 —	113	4	4	73	17	7 —	59 ans.
1770 à 1779 —	187	1	11				
1780 à 1789 —	306	17	1	119	15	2 —	19 ans.

A l'occasion de ce tableau, nous ferons remarquer que, jusqu'à 1719, les bois se coupaient à 100 ans d'âge, et que, néanmoins, leur prix réduit ne s'élevait qu'à 49 liv. 3 s. 7 d. ; tandis que, de 1780 à 1789, les mêmes bois qui se coupaient de 30 à 50 ans furent vendus au prix réduit de 306 livres 17 s. 1 d.

191. — Les récoltes annuelles des terres arables,

des vignes et des bois, ne peuvent pas sortir de leurs proportions relatives, sans qu'il en résulte des inconvéniens plus ou moins graves, plus ou moins prochains. — *Arthur Young* dit qu'*en Angleterre* les terres sont classées, et qu'en agriculture, les volontés ont tellement été restreintes en faveur de l'utilité publique, que les individus ne peuvent confier à leurs terres d'autres semences que celles que leur attribue le classement. Sans prétendre que cette mesure restrictive soit applicable à la France, nous rappellerons pourtant ici qu'autrefois, on crut nécessaire d'assigner des limites à nos vignobles, et que, défense fut faite de les accroître. Mais cette prohibition ne fut que temporaire et de courte durée. L'argent énorme que produisaient aux fermes générales les droits dont on avait frappé les vins et eaux-de-vie amena bientôt l'abrogation de cette défense. Depuis lors *la quantité de terres à blé convertie en vignes est immense;* tellement qu'aujourd'hui les propriétaires-*vignerons* rejètent sur les *taxes de l'impôt indirect* un dommage et des pertes dont ils auraient moins à se plaindre, peut-être, si l'équilibre n'était pas rompu entre la fabrication du liquide et sa consommation. Quoiqu'il en soit de la cause par rapport à l'effet, *les vignerons sont en réclamation auprès du gouvernement;* ils sont, à cette fin, représentés par un comité en permanence à Paris.

192. — L'administration forestière de l'époque a

vu les vignes s'étendre et se multiplier *sans qu'elle ail donné l'éveil, et sans qu'elle ait mis à l'ordre du jour que, tôt ou tard, les forêts du pays resteraient en arrière de la consommation de merrains et d'é-chalats qu'allait nécessiter le rapide accroissement des vignobles.* Et, en effet, nous avons vu, *dans la Sologne blaisoise*, telles années d'abondance où *le contenant et le contenu étaient dans le rapport de cinq à un :* C. A. D. que le poinçon de vin ne valait que trois francs, et que la futaille en valait quinze. Nous parlons ici d'un temps déjà reculé : *l'état de détresse que nous signalons s'aggrave de plus en plus*, et cela ne saurait être autrement.

193. — Les vignes, multipliées comme elles le sont, enrichissent le fisc en raison directe de ce qu'elles appauvrissent le vigneron, surtout dans les années de grande récolte; mais *ce n'est pas le seul danger qu'il y ait à les multiplier démesurément.* En effet, le marchand-ventier est excité, par son intérêt personnel, à fabriquer du bois de fente par préférence à celui d'équarrissage. Celui-ci ne lui présente pas les mêmes profits que celui-là dont le débit est de tous les jours P. A. D. et dont le paiement se fait à plus courts termes. Le merrain, d'ailleurs, ne comporte pas d'aubours; il se prend dans les premières billes, dans la partie la plus saine, la plus compacte et la plus franche de l'arbre : en suite viennent les

échalats. Il est dans la nature et dans l'emploi de ces sortes de marchandises de durer peu , et d'être souvent renouvellées ; ainsi *les vignes sont en état de rivalité perpétuelle avec nos approvisionnemens en bois d'équarrissage.* Voyons si nous sommes plus au large , et si notre position est plus rassurante , sous le point de vue du *chauffer* (*).

194. — Ce fut avec assez de peine qu'en 1787 , comme en 1788 l'approvisionnement de la capitale se fit en bois de feu. *Les moyens ordinaires furent insuffisans : on fut obligé d'établir des chantiers spéciaux au compte de la couronne.* Ces chantiers devaient être alimentés par des coupes extraordinaires et *forcées* , en attendant la confection des canaux projetés pour assurer à Paris ses fournitures diverses. A l'effet d'encourager son approvisionnement en bois , on avait , dès 1783 et 1784 , grévé la consommation d'un supplément de taxe. En novembre 1803 ,

---

(*) D'un relevé fait aux archives du commerce , et certifié conforme par l'administration des douanes, il résulte que (de 1816 inclusivement, à 1825 , inclusivement aussi) la France a tiré de l'étranger, savoir :

1° — Un nombre de	18,751,507	merrains.
2° —	*idem*	2,247,890	échalats.
3° —	*idem*	9,371,228	fagots à bruler.
4° —	Stéres	836,630	buches à bruler.
5° —	Hectolitres	1,695,938	charbon de bois.

les chantiers publics ne délivrèrent ce combustible que par portions très-exigues, fort insuffisantes ; et de proche en proche, nous sommes arrivés en 1831 sans que l'état de choses, à cet égard, soit devenu plus rassurant et meilleur. Afin donc qu'on ne s'endorme pas dans une sécurité mal assise et dangereuse, *il faut avoir la franchise de dévoiler au pays sa vraie position :* Il faut avertir notre administration forestière, qu'en France, *la consommation du bois se trouve réduite à moins de neuf pieds cubes par individu.* Une aussi triste assertion, si elle demeurait isolée de sa preuve, pourrait se révoquer en doute ; les chiffres vont donc la justifier. Nous prendrons pour point de partance les adjudications de l'an X (1801), attendu que cette époque s'est trouvée être une des plus favorables à l'approvisionnement auquel contribuaient alors *les pays conquis*, tous richement enforestés, et distraits de notre territoire, à partir de la restauration. Ainsi, nous *allons raisonner dans l'hypothèse la plus large.*

195. — En l'an X donc, il a été adjugé, pour le compte du gouvernement, *affouages compris*, 64,175 hectares de bois, avec 368,900 arbres. Beaucoup d'anciennes maîtrises statuaient sur *quarante arbres épars pour équivaloir à un arpent.* A partir de cette évaluation reconnue pour exacte, et en calculant sur 80 arbres par hectare, pour faire un nombre rond, les 368,900 arbres adjugés représen-

tent 4,611 hectares, lesquels étant ajoutés aux 64,175 hectares prémentionnés, font monter à 68,786 hectares le total général des bois de l'État adjugés en 1801, exercice largement approvisionné par le motif que nous avons exposé. Or 68,786 hectares, tant bons que mauvais, et tant vieux que jeunes, sur le pied réduit de seize cordes par hectares, ont fourni une masse de 1,100,576 cordes. Ainsi, la corde étant de 112 pieds cubes, 1,100,576 cordes ont produit 123,264,512 *pieds cubes, lesquels étant divisés par une population de trente millions d'âmes, assignent, à chaque individu, 4 pieds cubes plus 1/10, en négligeant une fraction peu importante.* Enfin, d'après la statistique forestière émanée du département des finances, pour le même exercice, 1801, *les bois particuliers et communaux, ensemble, sont de masse egale aux bois de l'État*; ainsi 8 pieds cubes plus 1/5 composent le dividende de chacun dans la répartition générale. En d'autres termes, *la consommation moyenne et réduite de chacun, en France, est maintenant bornée à moins de neuf pieds cubes de bois, par an, pour chauffage, service culinaire, consommation de fours à pain et à chaux, grosses et menues reparations, constructions nouvelles, etc., etc.,* (*).

(*) Des agronomes à qui nous avons communiqué notre manuscrit argumentent de ce que nous cavons trop bas en n'attribuant que la quantité de 8 cordes à l'arpent de bois tant bon que mauvais,

196. — *Tant vaut l'homme , tant vaut la terre*
est un adage singulièrement applicable aux agences
forestières de toutes les époques, et de tous les temps,
sans en excepter celle du temps qui court. En dissé-
quant les œuvres de ces agences successives pour
réduire chacune d'elles à son exacte valeur, on se
tient pour dit qu'*elles n'ont avec les forêts que des
rapports guindés , que des analogies bâtardes trop
bien prouvées par le triste et languissant état de nos
bois.* Dans les mains d'un corps d'ingénieurs, *les
forêts reviendront à la vie ;* de toute autre manière,
elles ne feront que durer, et ne dureront pas long-
temps. Dans un corps d'ingénieurs, *l'esprit de suite
ne meurt jamais ;* mais *l'esprit de suite* est incom-
patible avec l'organisation forestière actuelle, parce
qu'elle manque de spécialité proprement dite, et
parce que cet *esprit de suite* dont nous parlons n'y
trouve point de base, point de fondemens pour s'ap-

---

et tant vieux que jeune. Nous répondons à cette objection par le
résultat de l'expérience en grand que nous avons faite pour nous
éclairer et pour nous fixer sur ce point. Cette expérience la
voici.

Nous avons pris arbitrairement une vente de 40 arpens dans
900 climats divers de la forêt d'Orléans. Dans les 36,000 arpens
résultant de cette combinaison de *facteurs,* nous avons obtenu,
pour moyen terme de l'arpent des 900 localités différentes entre
elles , 7,200 cordes. Or $\frac{7200}{900} = 8$. Donc les 900 ventes par nous prises, au hasard, pour objet d'études, ont communément donné
huit cordes de bois, par arpent réduit. C. Q. F. D.

puyer. *Les sciences constitutives de l'ingénieur peuvent seules être la cause efficiente de la vigueur et de la prospérité des forêts.* Le revenu que l'on en peut retirer ne sera jamais que l'effet consécutif de cette cause principale. *En matière de foresterie*, quoiqu'on dise, *le calcul et la démonstration doivent tout décider.* Il faut que l'action du corps ne soit jamais isolée de l'application et du travail de l'esprit qui doit être tout entier à la *géoscopie.* Réprimer les délits ; asseoir les ventes, en faire le martelage, et le récolement ; en un mot, préparer le revenu de l'année n'*est pas ce qui constitue la science forestière*. On a fait cela de tout temps ; or c'est précisément parce qu'on n'a su faire que cela *sans plus* que le pays est à la veille de manquer de bois. N'est-ce pas une subversion affreuse qu'à mesure que la population augmente, la condition de nos forêts devienne de plus en plus mauvaise ?

197. — Une cause incidente que, par disgression, nous croyons devoir signaler ici, concourt à aggraver le mal déjà si grand de la dépopulation. — Par un très fâcheux abus, les plus beaux jets de bourgeons sont, tous les ans, et dans toutes les ventes en exploitation, convertis en *rouettes destinées à lier les fagots.* Ces rouettes ne se recueillent point dans les coupes à exploiter ; s'il en était ainsi, l'adjudicataire ne ferait que disposer de ce qui lui appar-

tient, il n'y aurait pas, dès-lors, le mot à dire ; mais ce n'est point ainsi que cela se pratique. On va très-indûment choisir ces liens dans les ventes usées depuis 3 , 4 et 5 ans : calculons les suites de cette tolérance.

198. — Dans la forêt d'Orléans, on coupe , par ordinaire , 3,200 *arpens qui livrent à la consommation 25,600 cordes de bois , à raison de huit cordes par arpent.* Or chaque corde fournit, moyennement, un cent de liage , (ce qui représente une masse de 2,560,000 fagots dont chacun est serré de deux hares). Ainsi les 2,560,000 fagots dont nous venons d'expliquer la fabrication employent 5,120,000 rouettes. Il faut en compter autant *pour la latte , le charnier, le cercle , les déchets, et le gaspillage* ; la forêt d'Orléans est donc annuellement tributaire de 10,240,000 *brins triés et choisis parmi les rejets les plus beaux, les plus vigoureux ; parmi les pousses les plus droites et les mieux élancées des bourgeons de trois à cinq ans.*

199. — Le même calcul appliqué aux adjudications des bois de l'état montre que ceux–ci subissent annuellement *une éclaircie prématurée de 440,230,400 brins de la plus belle espérance.*

Mais, dira-t-on , ces brins de choix ne sont qu'un emprunt fait au terrain ; ils ne sont que retardés ; ils repousseront ! C'est par cela même qu'ils sont retardés qu'ils auront à subir les chances de l'om-

brage et de l'humidité dont les infesteront les jeunes
taillis qui auront sur eux de quatre à cinq ans d'a-
vance. La gelée pourra les atteindre, et paralyser
leur accroissement : or nous sommes trop peu riches
en bois pour courir des hasards auxquels nous pouvons perdre quelque chose *sans jamais gagner, même
dans la supposition de l'événement le plus favorable.*
Ce qui se pratique aujourd'hui s'est pratiqué de tout
temps , pourra-t-on dire aussi! *De ce qu'un abus a
subsisté*, repondrons-nous , *la conséquence est-elle
forcée qu'il ait acquis des droits à subsister toujours?*
en économie forestière , rien n'est à négliger , rien
n'est indifférent. Les plus petites ramicules de prospérité s'y rattachent au plus grosses racines. NOUS EN
APPELONS AU SENTIMENT DE LA SOCIÉTÉ ROYALE ET
CENTRALE D'AGRICULTURE A LAQUELLE NOUS SOU-
METTONS AVEC UNE JUSTE CONFIANCE LES VUES
D'AMÉLIORATION QUI SONT, DEPUIS LONG-TEMPS, LE
CONSTANT OBJET DE NOS DÉSIRS, ET DE NOS VŒUX(*).

(*) Parmi beaucoup de contrées du royaume où les conifères
sont l'objet d'une imposante culture, nous citerons la partie orien-
tale, et surtout la partie méridionale de *la Sarthe,* où les planteurs, pour lier leurs *fagots de sapin,* sont obligés de se procurer,
à prix d'argent, les *liens en chêne* nécessaires à leurs exploitations
d'*éclaircies.* Le cent de ces liens s'y paye communément 60 *centi-
mes;* mais, en ne les comptant ici que sur le pied de 50, les 440,
230, 400 brins dont on impose aux bois de l'état la prestation
annuelle et purement arbitraire sont l'expression d'une somme de

200. — Il faut, quand on abat le bois, ne pas se méprendre sur l'âge qu'il a ; il faut ne pas confondre son *âge d'apparence* avec *l'âge latent* qu'il a dans la réalité. *L'âge d'apparence*, on le trouve sur le plan où doit être écrite l'année de sa dernière exploitation. *L'âge réel*, au contraire, *est fidèlement exprimé par le nombre de cercles concentriques que montre sa coupe horizontale.* S'il n'y a pas autant de ces cercles qu'il y a d'années que la vente a été exploitée, *ce qui s'en manque est l'expression du temps pendant lequel la nature a refusé de produire.* Il arrive souvent, en effet, que les souches trop épuisées par des efforts antérieurs, ne donnent leurs *scions nouveaux* que 2, 3, 4, 6 ans, plus ou moins, après leur exploitation.

201. — Par tout ce qui précède, on doit comprendre de mieux en mieux combien, avec un plan disposé comme il est dit, (§§. 154, 161, 187) il devient facile de connaître la désorganisation d'une forêt, ainsi que toutes les infractions contre l'arrangement, contre le nombre, contre la contenance des coupes organisées soit en vertu d'un réglement de réformation, soit en vertu de tous autres actes équivalents.

2,201,152 francs. Pourquoi donc le gouvernement ne s'affranchirait-il pas de cette servitude passive, en insérant au *cahier des charges* la condition que l'adjudicataire prendra seulement sur les coupes à lui adjugées, les hares dont il aura besoin.

On peut y voir les arrièremens de coupes quand il y en a : l'on peut, en parfaite connaissance de cause, désigner la quantité, comme la position locale des bois à couper par extraordinaire, à l'effet du repos des fonds épuisés.

202. — En opérant sur le terrain, l'*ingénieur-forestier* observera les bois de tel climat comparativement à ceux de tels autres. Il remarquera comment telle ou telle combinaison de terrain élance le bois avec plus ou moins de puissance ; il examinera s'ils y sont plus ou moins bien alignés ; si l'écorce en est lisse et claire ; si le branchage s'élève par angles aigus ; si le feuillé y est large, et si la contexture en est mâle ; si les graines y sont bien nourries, etc. Il aura lieu d'observer que certaines natures de terrains produisent des bois rachitiques, mal perpendiculaires au sol ; dont l'écorce est rude et terne, dont le branchage incline vers le parallellisme à l'horizon, dont le feuillage est mesquin ; dont les graines se développent mal, et sont, pour la plupart avortées. En substance, il considérera sous tous les rapports, et sur toutes les faces, la forêt qui est l'objet de son travail. Il déterminera, par approximation raisonnée, combien il peut en sortir de marchandises de chaque espèce ; combien elle porte de baliveaux de chaque âge ; combien, *par exercice*, elle peut fournir de pièces d'équarrissage, etc., etc., etc. Ces supputations, ces recherches seront moins difficiles pour un

ingénieur-forestier qu'il ne l'est, pour un *garde-chasse* de produire périodiquement *l'état et le dé-nombrement des pièces de gibier qui peuplent une capitaincrie*. Il se fera des aperçus sur la matière, en consultant les procès-verbaux d'assiette et de mar-telage de toutes les ventes dont se compose la forêt donnée. Il lui sera dès-lors facile d'établir le total des arbres réservés et laissés sur pied pendant une révolution de coupes. De ce total il retranchera les chablis dont les procès-verbaux de diligence, ou d'adjudication lui feront connaître le nombre. Parmi tous ces arbres sur pied, beaucoup seront vraisem-blablement stationnaires; d'autres s'entretiendront dans une sorte de médiocrité; d'autres, enfin, se-ront chétifs et dépérissans. L'*ingénieur-forestier* établira dans quel rapport approximatif de quantité ces trois classes se trouveront être relativement les unes aux autres. En statuant, en suite, sur cette règle générale que l'équarrissage est égal au cinquième du pourtour, il cubera un certain nombre d'arbres dans chacune des trois classes, tellement que, par les communes mesures qu'il se sera faites, il se trouvera pouvoir calculer les ressources disponibles à telles ou telles époques. Des tableaux clairement dressés exposeront *les facteurs* et les résultats de ces recherches et de ces calculs. Enfin, *de la substance et de l'ensemble de ces travaux, il déduira un état de situation sur lequel devront être basés les projets*

ultérieurs de restauration à soumettre au gouver-
nement.

La marche que nous venons d'indiquer conduira bien plus sûrement à évaluer, par approximation, les ressources de l'état, qu'on ne peut le faire par le moyen indigeste et dérisoire que recommande l'instruction officielle du 9 frimaire an **X**, (mentionnée §. 157, pag. 120).

203. — Selon que les élémens de la terre végétale sont diversement combinés entre eux, le sol se montre propre à telle production, ou à telle autre. **Dans** les bois très-anciens, on remarque qu'à mesure qu'une essence disparaît, d'autres essences s'impatronisent à leur place, et finissent par y devenir dominantes. Les progrès de ce remplacement sont d'autant plus rapides que l'essence remplacée est plus vieille. Ce remplacement alternatif et spontané d'une essence par une autre est un fait incontestable et d'expérience. Tous les planteurs savent combien il est difficile d'élever quelque sorte de bois que ce soit dans une terre qui en a long-temps été fatiguée ; la résistance qu'on y éprouve est marquée, elle est rebutante. Il est donc vrai que l'ancienne production manque de nourriture où la production nouvelle en trouve une abondante. Faudrait-il appliquer aux phénomènes de la circulation végétale cet adage si connu *ab assuetis non fit passio ?*

Le changement des semences ainsi que leur re-
nouvellement est surtout nécessaire dans la culture
des céréales. Il se fait moins visiblement remarquer
dans les bois que partout ailleurs, par la raison toute
simple qu'une altération sensible ne s'y laisse apercevoir qu'aubout d'un grand nombre d'années. Mais
l'ingénieur-forestier suppléera à cette lenteur d'expérience en voyant beaucoup de bois différents,
en les comparant entre eux, et en observant le
degré de facilité que les espèces nouvelles ont à
s'y introduire. *Dans d'anciennes chênaies, il verra
des bouleaux, des coudriers, et d'autres bois blancs
remplir peu à peu les vides.* Il les verra, même,
quelquefois étouffer les rejetons de chêne qui y languissent encore. Il aura lieu de remarquer aussi que,
par une marche inverse, et dans un terrain long-
temps occupé par des bois blancs, *de jeunes chênes
triompheront de l'ascendant ordinaire que donne à
ces bois blancs la promptitude avec laquelle ils croissent.* Loin qu'ils en soient étouffés, ils s'élèveront à
leur ombre pour s'emparer ensuite de la place. Il
est, enfin, des coudraies dans lesquelles de très-
vieilles cepées de chataignier, et quelques anciens
chênes restent sur pied, comme échantillon des essences qui y dominaient jadis. Dans ce dernier cas
les coudriers, espèce de bois infiniment peu productive, n'ont envahi le terrain que, *faute, par le
tréfoncier, d'y avoir introduit une espèce plus profi-*

table. Il faut donc, lorsqu'un taillis commence à dépérir, y favoriser quelques nouvelles espèces choisies parmi celles dont le terrain ne soit pas encore rebuté. L'on doit prendre, pour espèces remplaçantes, celles dont la constitution est de ne pas durer long-temps en place. Le *tremble* et le *bouleau* sont spécialement de cette sorte, parce que leurs racines s'étendent au lieu de s'enfoncer. Nous avons dit que le bois subsiste d'autant plus long-temps que ses racines pénètrent plus avant en terre.

Au reste, le remplacement périodique d'une essence par une autre comporte des exceptions. Par exemple, *il n'a pas lieu pour de très-vieilles futaies qui, depuis long-temps, déjà, sont en train de dépérir.* On conçoit que, dans une futaie déjà avancée sur son retour, les arbres sont dans le cas d'une végétation tellement languissante qu'ils n'ont presque rien à demander à la terre. Ce qu'elle leur fournit, pour entretenir le déclin de leur existence, ils le lui rendent par la chute de leurs feuilles, et *par leur détritus.* Le sol est, alors, dans une espèce de repos pendant lequel ses forces se reparent. *Lors donc que l'on abat de très-vieilles futaies,* on doit éprouver, et l'*on éprouve*, en effet, *peu de résistance pour y rétablir la même sorte de bois.* Par cette raison, l'on ne remarque point qu'il y ait changement d'espèce,dans les forêts éloignées des foyers de consommation. Les bois y vieillissent jusqu'à extinction P. A. D. et la terre qui s'est reposée pendant leur long dépérissement se trouve, après qu'ils sont coupés, en état de reproduire les mêmes essences.

204. — *Les baliveaux* sont un champ vaste ouvert aux études, comme aux observations de l'*ingénieur forestier*. Autant de fois *il en verra de marqués sur souche*, autant de fois *il devra conclure que ces souches sont sacrifiées, soit à la paresse, soit à l'impéritie de l'agent local qui a négligé de chercher des sujets venus de graine*. Dans les terrains *pauvreteux* où les individus de la sorte sont rares, si même ils ne manquent pas tout-à-fait, *il faut n'en point réserver plutôt qu'en marquer sur souche*. En prescrivant d'en réserver 16, par arpent, l'ordonnance de 1669 n'a pas voulu, elle n'a pas pu vouloir commander la destruction de l'espèce qui était l'objet de sa sollicitude. Il faut savoir entrer dans l'esprit de la loi, plutôt que d'en suivre la lettre, *quand la lettre tue*. On se tiendra donc pour averti que toute forêt maigre et pauvre, usée autrement qu'à coupe blanche, et sans aucune réserve de baliveaux, (sauf, toutefois, la quantité de jeunes arbres nécessaire à la production des graines), est une forêt à l'égard de laquelle *les formes emportent le fonds*, et *partant* une forêt sacrifiée.

A ce sujet, fesons ressortir ici le désastreux effet que ne manquera pas de produire l'article 70 de l'ordonnance royale du 1er août 1827, en ce qui touche cette disposition que » *les baliveaux moder-* » *nes et anciens ne peuvent être abattus qu'autant* » *qu'ils seront dépérissants, ou hors d'état de pros-* » *pérer jusqu'à une nouvelle révolution.* » Les rédacteurs de cette ordonnance se seraient expliqués avec plus de mesure, et d'une manière moins dommageable pour la conservation de l'espèce, s'ils eussent consulté Hartig, ce savant oracle forestier, qui a dit : » Il ne faut laisser croître les baliveaux » sur taillis qu'à la grosseur nécessaire pour porter » de la semence, *sans leur donner le temps de pren-* » *dre trop de surface :* Il faut, en général, laisser » deux à trois jeunes tiges convenablement espacées » plutôt qu'un arbre d'une certaine grosseur. Mais » quand les besoins exigent qu'on élève quelques » *futaies sur taillie,* on doit choisir, *par arpent,* » CINQ A SIX TIGES, AU PLUS, essence de chêne, ou » autres propres aux constructions, qui soient de » belle venue et peu garnies de branches. ON DIMI- » NUERA, *dans la même proportion,* LE NOMBRE » DES AUTRES BALIVEAUX, afin de ne point étouffer » le taillis par leur multiplicité. *Si l'on négligeait* » *cette précaution, et si on laissait exister, en* » *même temps, un certain nombre de gros chênes* » *avec d'autres arbres épais et branchus,* il en » résulterait, pour le taillis, *un dommage considé-* » *rable* qui ne ferait qu'augmenter par la suite. »

Cette sage et si précise recommandation d'*Hartig*
est le diamètralement opposé de ce qu'à prescrit
trop généralement l'ordonnance de 1669, et de ce
que persiste à vouloir le nouveau *Code-forestier*, à
la grande surprise des bons patriciens. Ce code, au
reste, n'est pas ce qu'il pourrait et devrait être, soit
dit en passant (*).

205. — Si, dans le cours de ses opérations géodé-
siques, l'*ingénieur-forestier* remarque, dans un même
climat, dans un même cantonnement, des différences dans l'aspect des baliveaux entre eux, *à parité
d'âge, bien entendu,* il attribuera cette différence aux
variantes du sol qui n'est pas constamment uniforme
dans tous les parages. Il devra, dès-lors, et seulement pour la contrée que suppose notre hypothèse,
régler l'âge des coupes à la demande de la plus
mauvaise veine de terre. Si, d'un terrain moins bon,

(*) **M.** DUPIN à qui l'on doit la meilleure et la plus complète édition de ce code, dit, dans son introduction (§. 4) : » A ces obser-
» vations qui laissent clairement entrevoir qu'il manque quelque
» chose au code, DANS LE FOND MÊME DE SES DISPOSITIONS, j'ajouterai,
» quant au style dans lequel il est rédigé, que *ce style est incom-*
» *parablement moins pur et moins correct que celui des autres*
» *codes français. On n'y rencontre pas toujours les termes techni-*
» *ques de la matière forestière, ni même ceux de la législation. On*
» *y trouve des constructions lourdes et embarrassées.* On y remar-
» que, enfin, *des défauts de rédaction* qui, lorsqu'un projet de loi
» en est une fois entaché, ne peuvent guères se corriger dans une
» discussion publique. »

l'on prétendait obtenir les mêmes productions , et de la marchandise aussi grosse , que d'un terrain meilleur et plus fécond , on ne manquerait pas de voir, *tôt ou tard* , se convertir en vagues, et se dépeupler successivement , la superficie de ce sol à la nature duquel l'âge se trouverait mal assorti.

206. — Avant qu'il soit procédé à l'adjudication des coupes , il faut être bien fixé sur ce qu'elles peuvent produire de marchandises diverses. L'usage a appris aux *conduiseurs*, ainsi qu'aux *marchands-ventiers*, à évaluer les bois sur pied , en comparant , *de mémoire*, ceux qu'ils visitent, avec ceux qu'ils ont fait exploiter antérieurement. Mais , ces comparaisons de choses , éloignées de temps et de lieux , sont presque toujours infidèles, tant il est difficile de conserver une idée assez fraîche , et assez précise de ce que l'on a vu , pour le comparer avec ce qu'on voit. *Aussi sur vingt estimations faites, d'un même objet, par le moyen dont nous venons de parler, n'y en a-t-il pas deux qui soient concordantes entre elles.* C'est donc autrement que par des aperçus , et par des réminiscences que l'on doit procéder à l'évaluation des bois sur pied. Sur cet article du métier, *des ingénieurs-forestiers* sauront toujours se faire *des méthodes* , et *des règles de précision* , comme ils savent s'en faire pour tant d'autres choses. Quant au *commun des martyrs* , ceux des agens forestiers

qui en font partie pourront consulter une espèce de barême, publié dans le temps, par CHAILLOU, *ancien directeur des aménagemens des forêts royales.* Mais quand il s'agit, comme aujourd'hui, de baser la mise à prix des 300,000 hectares de forêt dont l'aliénation, par fonds et superficie est récemment ouverte, *ce n'est pas parmi des novices,* ce n'est pas dans une cathégorie *d'hommes à comptes faits* qu'il faut choisir les arbitres de notre avenir financier (*).

(*) La matière est si grave, à notre avis, qu'à la date du 3o avril 1831, nous avons cru devoir soumettre, à ce sujet, quelques observations à M. *le baron* LOUIS, ministre secrétaire d'état, au département des finances. Voici ce que nous eûmes l'honneur de lui écrire sur cela.

» *Je prends la liberté respectueuse de soumettre au jugement de* » *votre excellence des considérations d'ordre et d'intérêt public sur* » *l'aliénation, par fonds et superficie, de* 3oo,ooo *hectares de nos* » *forêts.*

» Plus il est douloureux, pour le pays, de voir procéder à cette » aliénation, plus aussi, sans doute, votre qualité de suprême ré- » gulateur vous fera veiller de près aux principaux détails de l'o- » pération. Vous sentirez donc, monseigneur, combien il est de » haute convenance que l'estimation des bois à vendre soit traitée » avec autant de lumières que de soins et de discernement. Je me » persuade que sur une matière aussi délicate, votre excellence a » bien étudié sa plus intime conviction; mais, monseigneur, votre » conscience est une lanterne sourde qui n'éclaire que vous, et ce » n'est point assez, peut-être. Je crains donc que vous ne vous » prépariez des regrets ultérieurs, en confiant, à des mains neuves » et mal habiles, le grand œuvre des estimations, ainsi que vous » avez cru pouvoir le faire, *parce que vous avez pris le nom pour* » *la chose, et les apparences pour la réalité.* — Quand nos fores-

207. — Dans l'intérêt des consommateurs, et pour leur instruction, nous articulerons ici quelques faits d'observation et d'expérience.

» tiers ont accepté le mandat qu'ils tiennent de votre haute con-
» fiance; quand ils ont assumé sur eux la responsabilité morale
» qu'entraîne ce mandat, ont-ils assez consulté leurs forces? Je ne
» saurais le croire. Tous, ils sont également remplis de *bon vouloir*,
» mais il est clair comme le jour qu'ils n'ont ni l'aptitude, ni
» l'expérience, ni le *savoir faire* impérieusement exigés par la
» nature du travail.

» J'oserai vous dire, Monseigneur, que vos estimateurs de-
» vraient être choisis, dans chaque localité, non parmi des hom-
» mes novices, mais parmi des hommes accoutumés, de longue
» main, à ce genre d'affaires ; parmi les experts accrédités auprès
» des tribunaux. Par tout autre moyen que celui sur lequel je me
» permets de fixer votre attention, il y a mille à parier contre un
» que l'aliénation sera *sans profit pour l'état, comme sans gloire*
» *pour votre excellence,* et qu'en définitive, ses résultats devien-
» dront, très-vraisemblablement, matière à de mauvaises plaisan-
» teries, comme il est arrivé des aliénations déjà consommées,
» en vertu de la loi du 25 mars 1817, au taux réduit et ruineux
» de 740 francs l'hectare.

» Vous savez, depuis fort long-temps, Monseigneur, combien
» je suis identifié avec la science forestière ; vous savez combien
» les grands travaux forestiers me sont habituels. Souffrez que je
» m'en explique aujourd'hui avec la même énergie de conviction,
» avec la même franchise d'âme, que je le fesais, il y a 44 ans,
» alors que vous n'étiez encore à mes yeux que le tout aimable
» *abbé Louis, pourvu du petit prieuré de Saint-Etienne, à*
» *Beaugency.* Veuillez donc bien, Monseigneur, voir dans les
» réflexions que je soumets à votre excellence un nouveau gage de
» l'intérêt que m'a toujours inspiré votre personne, et que je ne
» cesserai de prendre à vos succès, comme homme public. »

14

Par exemple :

1.º Une buche ronde est comparable à un cylindre. Or *les cylindres sont, entre-eux, comme les carrés de leurs circonférences.* Ainsi le rapport d'une buche d'un pied de tour, à une autre buche de deux pieds de tour, *à longueurs égales,* est dans la raison *d'un à quatre.* En d'autres termes, *une buche de deux pieds de tour en vaut quatre d'un pied;* de même qu'*une buche de trois pieds de tour, en vaut neuf d'un pied.*

2.º La voie de bois, *de Paris*, mesurée dans une membrure ayant 4 *pieds de couche, sur 4 pieds de hauteur,* contiendrait, à très-peu de chose près, 155 *buches de* 12 *pouces de tour,* si ces buches étaient parfaitement rondes et parfaitement droites ; mais, comme elles ne sont ni bien droites, ni bien rondes, il ne s'y en trouve que 125 ; *ce qui fait, au préjudice du consommateur, un déficit de* 20 à 25 pour %.

3.º Le bois est si mal arrangé dans les cordes que dressent les bucherons, *sur le sol des ventes en exploitation,* qu'elles ne cubent pas, à beaucoup près, ce qu'elles doivent cuber, *encore bien que leurs dimensions extérieures soient ce qu'elles doivent être.* Nous en avons souvent fait recorder, et arranger, comme il convenait qu'elles le fussent. Elles se sont, alors, trouvées n'avoir que 2 *pieds* 8 *pouces, de hauteur, au lieu de* 4 *pieds qu'elles devaient avoir.* Elles ne représentaient, calcul fait, que 166 *buches* + 1/3, de 12 *pouces de tour, au lieu d'en représenter* 250., ainsi que cela devait être : *il y avait, dès lors, un déficit de* 33 *pour* %. En régle générale, plus le bois a de longueur, *quand il n'est pas droit*, et moins bien il se corde.

4° La longueur de la buche varie, depuis *deux pieds deux pouces* jusqu'à *quatre pieds, et même au de là*, en raison des localités. *En ce qui touche les dimensions de la corde, il n'y a uniformité ni dans sa couche, ni dans sa hauteur.* Le nouveau système métrique lui a substitué *le stère*; néanmoins *elle est encore usitée dans plusieurs régions, notamment dans celles de l'ouest*, avec les variantes ci-après :

COUCHES.		HAUTEURS.		LONGUEURS.	
PIEDS.	POUCES.	PIEDS.	POUCES.	PIEDS.	POUCES.
6	6	3	6	3	6
8	3	5	»	3	6
8	»	4	»	2	6
8	»	4	»	3	6
8	»	5	2	3	6
16	»	3	»	3	6

5° Dans une corde de 8 *pieds de couche sur quatre pieds de hauteur*, il y a 444 *brins de* 6 à 8 *pouces de tour.* En bois *de* 6 *pouces de tour, et au-dessous*, il y en a 100 *brins de plus*, C. A. D. 544 *brins.*

6° Plus le bois à bruler est menu, moins cher on doit le payer, parce qu'il est moins dur, et parce que son enveloppe corticale est beaucoup plus épaisse que celle du bois plus gros, *proportions gardées* (*).

208. — *Par la forme, et par l'aspect des baliveaux*, dix ans, environ, après l'exploitation de la vente sur laquelle ils sont complantés, *l'ingénieur forestier* connaîtra si le taillis a été, ou non, coupé au delà de l'âge convenable. S'ils sont vigoureux, et bien élancés, il n'y a point à craindre que le fonds ait souffert, ni que l'usance des taillis ait été mal entendue. Il y aura lieu de penser le contraire, si leurs premières branches sont épatées; si elles s'é-loignent du corps de l'arbre; si elles contractent la forme d'*éventail*, et si elles prennent beaucoup de force, tandis que la cime de l'arbre ne profite pas dans la même proportion. Si, outre ces symptômes, les bourgeons sont paresseux à s'élever, il y a lieu de présager le prochain dépérissement des baliveaux qui ne tarderont pas à se couronner, et dont la sommité

(*) Les consommateurs trouveront, sur les qualités relatives des bois de chauffage; sur les pesanteurs comparatives de leurs essences diverses; sur leur carbonisation, leur durée, et le calorique qui s'en dégage, les notions les plus précises et les plus curieuses à la fois, dans l'ouvrage ayant pour titre : » EXPÉRIENCES PHYSIQUES *sur* » *les rapports de combustibilité des bois entre eux*; par *Hartig*, » traduit de l'allemand, par M. *Baudrillart.* »

se desséchera d'autant plus vite que se nourriront de mieux en mieux les branches gourmandes dont nous venons de parler. *La masse, l'ensemble des baliveaux peut donc être considéré comme un répertoire instructif, et qui révèle beaucoup de choses à qui sait* le consulter, *avons-nous dit* §. 204.

209. — Lorsqu'au moyen de la méthode analytique, et de la marche que nous venons d'indiquer, *l'ingénieur* aura acquis une suffisante connaissance de la forêt à aménager, il aura à classer *les triages* auxquels pourront se prêter les nuances diverses de productibilité.

Par *triage* il faut entendre un massif de bois planté sur un terrain de qualité uniforme, homogène, et capable de porter *sur toute son étendue* des bois qui puissent être coupés au même âge. **Par les** motifs que nous avons déduits (§. 125) on aura soin de couper les bois de chaque triage plutôt un **peu** au-dessous qu'un peu au-dessus de l'âge qu'ils peuvent atteindre.

210. — *L'ingénieur-forestier* connaîtra si le bois est plus ou moins proche de sa maturité en statuant sur cette règle générale que *le bois est à son* nec plus ultrà *de croissance quand un volume quelconque, un décimètre cube, par exemple, coupé à l'extrémité supérieure du tronc, sera*, à peu près *égal, en densité et en pesanteur, avec le même cube coupé au*

pied du même arbre. Cette expérience soigneusement faite est la *pierre de touche* de la maturité, ou de la non maturité du bois : *C'est-elle qui décide si le moment est venu ou non de l'exploiter.* Or, dans tout ce qui a été fait de *soi-disant réformations*, *de soi-disant aménagemens*, du passé jusqu'à ce jour, jamais, que nous sachions, cet indicateur infaillible de la maturité des bois n'a été consulté. *Tous les grands naturalistes qui ont traité cette matière ont prêché dans le désert.* L'unanimité de leurs préceptes, l'autorité de leur *savoir,* et leurs lumineuses expériences n'ont pas empêché les forêts du royaume de subir annuellement une dépopulation foncière de 13,223 hectares, et que le trésor n'ait à perdre, annuellement aussi, 6,545,385 francs de rente, ainsi que nous l'avons établi (*avant-propos*). *C'est à l'aide d'améliorations spécieuses que l'on détériore,* a dit *Oxenstiern.* De véritables, de sérieuses améliorations, des améliorations qui aient porté leur fruit *n'ont jamais été faites, à quelque date qu'on se reporte.* Elles ont été impossibles, et *elles le seront toujours dans une sphère de conceptions décousues ;* dans un apathique et froid système où, *semblable au cheval de la statue équestre de notre Béarnais,* ON A TOUJOURS LE PIED LEVÉ SANS AVANCER JAMAIS. Peut-être nous reprochera-t-on de revenir trop souvent à la charge : L'importance et la gravité du sujet nous y entraînent malgré nous ! *faut-il donc*

attendre que la foudre éclate, pour poser un para-
tonnerre sur l'édifice qu'elle va frapper? On ne
saurait trop insister, ce semble ; on ne saurait trop
répéter de tristes et fâcheuses vérités si souvent, et
depuis si long-temps reproduites, sous toutes les
formes, par des savants du premier ordre, *sans que
l'on ait encore eu la conscience de les accueillir,*
quelqu'urgent qu'il soit de les prendre en considération.

211. — Nous allons admettre, comme hypothèse,
que la forêt à aménager se prêtera à ce qu'il y soit
établi quatre triages qui devront être coupés à *vingt,*
vingt-cinq, trente et trente-cinq ans d'âge. *L'ingé-*
nieur-forestier en tracera, *grosso modo,* la circonscription à travers la broussaille. Des brisées pro-
visoires indiqueront la délimitation des triages entre
eux. Il en sera levé un plan particulier à rapporter,
et à placer *temporairement* sur le plan-minute. Une
fois que l'œil pourra saisir l'ensemble général, *l'in-*
génieur-forestier pourra, jusqu'à un certain point,
en régulariser le périmètre, et diminuer, *par des*
lignes de compensation, le nombre des côtés de ce
vaste polygône. En leur donnant une forme moins
irrégulière et moins zig-zag, *l'ingénieur* devra, *s'il*
y a lieu, abandonner au triage destiné à vingt ans
d'âge quelques rognures des bois qui doivent être
coupés à vingt-cinq, et même à trente ans, plutôt

que de faire entrer dans les triages de trente, ou de vingt-cinq ans, la moindre partie de ceux qui ne peuvent en accepter que vingt, et cela par les motifs déduits (§. 116). Enfin, ces triages seront séparés entre eux par des routes de largeur convenable. Elles seront mal régulières, *il faut s'y attendre*; elles n'auront ni le coup-d'œil, ni l'effet symétrique des routes de parade : mais elles seront commandées par la convenance de séparer irrévocablement les triages entre eux, et d'éviter la confusion des coupes de l'un avec les coupes de l'autre. A ces routes périmètrales, qui formeront des solutions de continuité, en cas d'incendie, il en faudra joindre d'autres dirigées de manière à communiquer d'un lieu à l'autre; pour servir à l'extraction des bois, pour assainir le terrain, etc., etc, etc.

Un mot, en passant, sur l'ouverture de ces routes.

212. Il ne s'agit plus ici de rapporter sur le papier des angles mesurés sur le terrain; il s'agira, au contraire d'*ouvrir sur le terrain des angles projetés sur la carte.*

Si la brisée ouverte sur le terrain, pour y tracer une route nouvelle, n'arrive pas du premier jet à son point de destination (elle doit y arriver, *géométriquement parlant*), si pourtant elle n'y arrivait pas, soit à cause de la dilatation des métaux, soit à cause des imperfections de la main, il faudrait se redresser par une seconde ligne construite sur des proportions dont *le total de la ligne manquée sera le* PREMIER TERME ; dont le SECOND TERME sera *la distance prise de l'extrémité de cette ligne au point d'arrivée qu'on s'était proposé;* et dont les TROI- SIÈMES TERMES feront *des longueurs particlles quelconques, et à volonté, successivement mesurées sur la ligne manquée.* En répétant, *de distance en distance, des proportions calquées sur cette formule*, on aura, *sur la ligne cherchée*, autant de points parfaitement bien alignés entre eux qu'on aura fait de proportions : on tombera donc sur le point cherché, sans plus ni moins. *Cette formule est appuyée sur la théorie des triangles semblables dont les côtés homologues sont toujours proportionnels entre eux.*

213. — Après avoir tracé sur le terrain les routes projetées, au moyen de laies parallèles, il faudra procéder à l'inventaire des bois sur pied, et les distinguer entre eux *par classes d'âges*, de manière à savoir combien, dans chaque triage, il se trouve y avoir de bois de tels et tels âges.

214. — Il y aura, ensuite, à diviser la contenance des triages par l'âge auquel chacun d'eux devra être usé, *afin de connaître le nombre d'arpens qu'il y aura à couper par exercice;* et aussi, afin de pouvoir se déterminer à diviser, pour chacun, cette quantité annuelle en deux, en trois, en quatre ventes, ou plus s'il y a lieu, *à l'effet d'asseoir ces*

ventes dans des régions diverses , autant éloignées que possible les unes des autres, dans la vue de faciliter le débit , et de répartir l'approvisionnement de la manière la plus avantageuse au bien du service.

215. — Après avoir fait toutes les dispositions que nous venons de spécifier, *l'ingénieur* abordera les questions de finance. A ce sujet , il devra se pénétrer d'une vérité qui est sacramentelle dans l'espèce ; nous voulons dire qu'il ne s'agit point exclusivement ici des besoins du moment , *non plus que d'un intérêt purement pécuniaire.* Il y va de l'intérêt beaucoup plus noble , et beaucoup plus élevé de la *bien-tenue*, de la *vitalité permanente de la forêt* dont il devra se considérer comme étant personnellement et religieusement responsable. *Plus ou moins d'argent, le produit annuel plus ou moins élevé , ne sont que des accessoires dont la conservation de l'espèce , dont le culte des forêts est l'objet principal et sacré.* Sans doute il faut pourvoir aussi largement que possible aux besoins actuels, mais *ce ne doit jamais être au préjudice de ce que nous devons aux races futures ;* il faut les compter pour quelque chose. *La perpétuité des approvisionnemens de notre marine ,* L'HONNEUR DU PAVILLON FRANÇAIS ne doivent être compromis par aucune imprévoyance. Un *ingénieur-forestier* fort du sentiment de ses devoirs et pénétré de l'his-

toire déplorable de nos forêts, un *ingénieur fores-*
tier, armé de la publicité, luttera toujours *avec*
gloire, si ce n'est avec succès, contre tout ministère
qui trahirait la confiance du monarque, et les intérêts du pays, jusqu'à empiéter sur les besoins de
l'avenir.

216. — Les calculs de finance d'une forêt reconnaissent, pour élémens, *des termes de comparaison*.
Ces termes de comparaison doivent ressortir du
rapprochement qu'il faudra faire de ses anciennes
usances avec le nouveau mouvement qui va lui être
imprimé. Le dépouillement des adjudications annuelles, pendant les deux dernières révolutions de
coupes, et le prix de chaque coupe durant cette
longue période de temps meneront à la connaissance
du *revenu sommé*, d'où l'on concluera celui de l'année commune.

217. — Des recherches qu'aura faites l'*ingénieur*
pour connaître le produit de la forêt totale, il déduira la spécialité du produit partiel et local de telle
ou telle contrée, de tel ou tel climat, et notamment
des terrains dont se composent les triages récemment déterminés. De ces revenus locaux, il déduira
la valeur locale des feuilles. Par le prix de la feuille
dans un triage, *comparé avec le prix de la feuille*
dans un autre triage, il connaîtra le rapport de

productibilité de l'un avec l'autre. *Il saura donc dans quelle mesure le terrain de l'un est plus ou moins productif que celui de l'autre.* Il saura, par conséquent, selon quelles proportions chacun des nouveaux triages, *isolément considéré*, diffère du total général de la forêt prise en masse. Enfin, *puisqu'ou peut arbitrer les masses, comparativement entre elles, l'ingénieur* saura définir et se rendre compte de la valeur intrinsèque, ou relative, de telle ou telle vente de la nouvelle nomenclature, *puisque ce sont les ventes qui sont les facteurs élémentaires de toutes ces proportionnalités.* En substance, l'esprit de méthode et d'analyse doit embrasser, *dans la carrière que nous définissons*, tout ce qui peut conduire à VOIR LE FONDS DES CHOSES ; *tout ce qui peut procurer des améliorations fondées sur les vrais principes de la science.*

218. — Ainsi que nous l'avons dit, on a dû inscrire sur le plan, vente par vente, l'*âge de tous les bois sur pied.* De ces bois de différents âges, il sera composé des masses distinctes dont la classification sera ci-après désignée. On aura à faire, sur les lieux, l'estimation de ces bois sur pied, *âge par âge, climat par climat*, tellement qu'en définitive et de proche en proche, *l'ingénieur-forestier connaîtra la valeur métallique de la surface boisée telle*

*qu'elle se poursuit et comporte, et dans son état
actuel* (*).

219.—Quand le travail en sera là, les *triages* seront
à partager en *ventes*. Par exemple, et toujours en
raisonnant par hypothèse, sauf les applications
ultérieures, tel triage qui contiendra 1,200 hectares,
et qui devra être exploité à vingt ans d'âge, sera
divisé par ventes de 15 hectares. Ainsi 1200 *hectares de contenance, divisés par 20 ans d'âge, donne-
ront à couper, par an, 60 hectares, C. A. D.
4 ventes de 15 hectares chacune.* Il faudra donc que
le triage entier contenant 1200 hectares soit considéré comme étant lui-même partagé en quatre massifs de 300 hectares dans chacun desquels on cou-

---

(*) CE SONT DES DONNÉES DE LA SORTE QU'IL FAUDRAIT POUVOIR PRO-
DUIRE AUJORD'HUI ! C'est au moment critique où l'on vend 300,000
hectares de nos forêts, pour faire face aux besoins d'urgence, qu'il
serait précieux de VOIR CLAIR *dans une spéculation aussi délicate,
et d'une aussi grave conséquence pour le pays.* Sur une foule de
documens et de considérations accessoires, *l'administration forestière sera consultée par le ministre des finances,* cela ne saurait être
douteux ; mais, *que pourra, que saura répondre cette administra-
tiou ? quel véridique état de situation est-elle en mesure de produire*
sur quoi l'on puisse statuer en sûreté de conscience, en suffisante
connaissance de cause ? *est-elle en position de faire que la chance
des vendeurs soit aussi bien éclairée que celle des acheteurs ?* Est-
elle en état d'estimer les bois à vendre ? ELLE EN EST CHARGÉE,
POURTANT ! ! !

pera, par an, une vente de 15 hectares. Ces massifs, nous les appellerons *numérations, ou séries*, dont chacune sera composée de 20 ventes, puisque le massif doit être usé dans une période de 20 ans. Cette sous-division des *triages par numérations et des numérations par coupes*, ne manquera pas de fournir de nouveaux termes de comparaison dont les résultats devront concorder avec ceux déjà obtenus, et qui devront en confirmer la justesse.

220. — Ce n'est qu'après avoir soumis le travail progressif à l'ordre, et à la méthode que nous venons d'exposer ; ce n'est qu'après avoir successivement parcouru tous les points du cercle que nous venons de décrire ; ce n'est, enfin, qu'alors que, de son cabinet, l'*ingénieur* pourra planer sur *la forêt à réformer*, pour en résoudre toutes les *inconnues*, qu'il devra procéder à la *division par coupes sur le terrain* ; division qui ne sera que l'accomplissement purement matériel, qui ne sera que l'*exécution main-d'œuvre* des projets antérieurement conçus, élaborés et muris par l'*ingénieur-forestier*, le seul qui soit, en réalité, *l'homme de la chose*.

221. — Le *tracé* sur le terrain de la division par coupes offre le moyen tout naturel d'apprécier avec exactitude la justesse des notions, et des *données* d'après lesquels on s'est déterminé *pour tels âges*

plutôt que pour tels autres. Par exemple, *la garderie du Chaumontois* dont nous avons dit, *avant-propos,* avoir augmenté le revenu annuel de 86,761 francs, *est composée de* 400 *ventes qui sont séparées entre elles par des fossés ouverts à chacun des angles de leur périmètre.* A ce compte, 400 ventes ont offert à notre examen 1600 traits de fossés, au moins. 1600 *fois donc* nous avons mentionné, sur notre plan minute, les épaisseurs et la nature des couches de terre, jusqu'à trois pieds de bas. 1600 *fois* nous y avons annotté de quels végétaux le sol est recouvert, parce que, de sa production spontanée un naturaliste conclut sa valeur, et ses propriétés relatives ; c'est ainsi qu'un terrain herbeux où se montre *le houx,* vaut mieux que celui où l'on ne voit que de la *bruyère.* 1600 *fois* nous y avons inscrit l'essence et la qualité du bois en *chêne, charme, bouleau,* etc. 1600 *fois* nous y avons coté les divers âges de baliveaux, leur constitution, leur lancis, et leur degré de valeur, car souvent il arrive que les arbres de *tel âge* sont bien venant *quand ceux d'un âge plus avancé* sont stationnaires, et quelquefois, même, dépérissants. Or, la parfaite concordance de ces annotations diverses avec nos données antérieures nous a fait conclure, *à priori*, que nous arriverions infailliblement au double résultat de la régénération de l'espèce, et d'une augmentation annuelle et permanente de *trois cent pour cent*, dans le revenu.

222. — Il va sans dire que, dans une réorganisation sur des bases toutes nouvelles, les coupes
discordantes de la précédente révolution viendront
croiser la division récente, par des polygones acci-
dentels plus ou moins irréguliers, ainsi que par des
bois plus ou moins disparates d'âge et de qualité ;
on aura dû s'y attendre, c'est chose inévitable. Mais
l'*ingénieur*, par son esprit de méthode et de combinaison, éliminera tous ces disparates qui, d'ailleurs,
ne sont que temporaires ; il les fera se compenser
entre eux ; il saura les mettre en harmonie avec le
nouvel ordre de choses dont il sera le créateur.

223. — Il aura à supputer *combien*, dans chaque
numération, ou série, il sera entré de *bourgeons
d'un petit nombre de feuilles ; combien de bois de
moyen âge ; et combien de grands bois.* C'est en
conséquence de ses données, sur cela, qu'il régula-
risera ses numérations, et qu'il les fera marcher.
Chacune de ces numérations doit être organisée en
telle sorte que les bourgeons s'y suivent, et que les
bois d'âges subséquents s'y suivent de même. *L'ingénieur-forestier*, par les procédés de son intelligence, fera le classement de ces bois jeunes, vieux,
et d'âges intermédiaires *de manière à ce qu'une sorte
ne se croise point avec une autre sorte dans l'arrangement définitif des coupes dont les séries devront
être combinées de sorte à placer en tête de la révolution commençante tous les bois anciens dont les*

plus vieux seront à user les premiers, et ainsi de proche en proche, par ordre d'âges, tellement que les plus jeunes n'ayent à venir en tour qu'à la fin de ladite révolution.

224. — S'il arrivait que les unes ou les autres des numérations surabondassent en vieux bois, il faudrait en accélérer la coupe ; il faudrait les exploiter *par extraordinaire*, afin qu'au terme de la révolution, lesdits bois se trouvent avoir l'âge requis pour être abattus *à tour-venant.*

225. — Ici l'ordre du travail appellera le bornage des ventes. Chaque vente devra être désignée sur place, *par triage et par coupe*, d'une manière correspondante au plan. Dans beaucoup de pays où la pierre manque, on aura à y suppléer par des fossés ; car sans une démarcation écrite sur le terrain, d'une façon *indélébile et permanente*, le désordre et l'intervertissement des coupes ne manqueraient pas de s'introduire bientôt, *ainsi que cela est arrivé, ainsi que cela subsiste encore très-vraisemblablement dans beaucoup de nos forêts*, sans qu'aujourd'hui l'on soit plus capable et plus en mesure de s'en apercevoir que ne l'ont fait les trente-quatre officiers de la maîtrise d'Orléans qui n'ont su ni prévoir, ni arrêter la confusion que nous avons signalée (§. 152), confusion scandaleuse dont eux-mêmes ont été les fauteurs involontaires.

226. — Préalablement au *lever* du plan général, il faudra procéder au bornage de la forêt, *contradictoirement avec les propriétaires riverains*. Tous les héritages adjacents à son périmètre devront être figurés sur ce plan. Leur contenance y sera mentionnée, et il leur sera attribué des numéros d'ordre à l'aide desquels il sera dressé un état de situation accompagné de toutes les notes dont sera reconnue susceptible cette matière litigieuse de sa nature. Il sera dressé procès-verbal de cette opération. Ce procès-verbal sera une garantie réciproque *pour la forêt par rapport aux riverains*, ainsi que *pour les riverains par rapport à la forêt.*

227. — Il y a telles provinces où de grands tenanciers ont des bois entremêlés soit avec les bois d'autres propriétaires, soit avec les bois de l'état. En pareil cas, des échanges peuvent convenir aux deux parties, et donner à leurs propriétés respectives une connéxion qui leur manquerait sans cela. *La forêt d'Orléans où, sur une foule de points, les bois de l'état sont entre-coupés par ceux de l'apanage, se trouve très spécialement dans le cas dont nous parlons. L'ingénieur-forestier* fera, d'un semblable état de choses, s'il vient à se présenter à lui, l'objet d'un rapport dans lequel il exposera clairement les avantages que les parties intéressées auraient à retirer des échanges indiqués par la situation des

lieux. Ces échanges devront toujours être basés à la fois *sur une convenance réciproque*, *et sur une consciencieuse équivalence*. Ils devront avoir pour résultat de substituer à des parties isolées entre elles *un tout-ensemble* plus facile à surveiller par les gardes, et moins pénible à élaborer par les autres préposés de l'administration.

228. — Jusqu'à ce jour, les réformateurs et les manipulateurs de forêts, sous quelque dénomination que ce soit, ont enfoui leurs opérations dans des greffes, ou dans des archives. Toujours ces opérations ont été comme couvertes d'un voile mystérieux que les agens accrédités semblent avoir seuls le droit de soulever. Or, *la foresterie*, telle que nous l'entendons, ne comporte point cette discrétion méticuleuse. La marche d'une réformation et d'un aménagement doit être franche : *Le mode et les filières doivent en être accessibles à tous les yeux connaisseurs*. Nous pensons donc que des cartes gravées, et que des tableaux synoptiques doivent exposer à tous les regards le travail ayant pour objet la restauration de nos bois. Ce sont des monumens; *Ce sont des pièces de comparaison entre le passé, le présent et l'avenir*. C'est à cette occasion, surtout, que la publicité est une garantie, une sauve-garde contre le progressif intervertissement du nouvel ordre établi, et contre les atteintes que pourrait lui

porter le *non-savoir*. La gravure portative d'une forêt, et de son aménagement, est le *veni mecum* de toutes les parties intéressées.

229. — Souvent des routes que l'on vient d'ouvrir, pour l'extraction des bois, sont rendues impraticables par des escarpemens, par des fondrières, par la mobilité du sol, par des cours d'eau, etc. On obvie à ces inconvéniens par des travaux de *terrasse*, par des ponts en bois brut, ou en pierre, par des *couloirs* en pierres sèches, ou par des *cassis*. Il faut des rigoles pour éconduire les eaux; il faut régler les pentes, et pratiquer des desséchemens préservateurs des gelées. La circonscription de la forêt, le périmètre de ses triages, celui de chaque série de coupes, celui des coupes partielles ellesmêmes demandent des cours de fossoyemens qui parlent à l'intelligence : enfin, chaque localité comportera ses besoins particuliers. *L'ingénieur-forestier* saura les comprendre, et faire, selon l'occurrence, *nivellemens, profils, devis, détails-estimatifs, cahiers de charges*, etc., etc., etc. En un mot, l'*ingénieur-forestier* fera, dans tout et partout, *concorder les conséquences avec les principes* : il fera toutes choses qui semblent n'avoir pas encore été comprises, ou, du moins qui n'ont pas été pratiquées jusqu'à ce jour, *si ce n'est en apparence*.

CHAPITRE X.

APPLICATION AU TERRAIN DE LA THÉORIE DÉVELOPPÉE DANS CET OUVRAGE. *La Forêt de Montargis* PRISE POUR EXEMPLE.

Nous venons d'exposer la théorie des aménagemens pris dans l'acception qui nous semble devoir leur appartenir : il nous reste à faire l'application de cette théorie. *La forêt de Montargis* va nous servir de prototype.

230. — L'autorité supérieure, C. A. D., *le conseil du prince apanagé* qui nous mit à l'œuvre, dans cette forêt, ne connaissait ni les vices de son administration proprement dite, ni les *données* que pouvait fournir l'examen de sa situation intérieure. Dès lors cette autorité, d'ailleurs, *si capable et si pourvue de la plus rare intelligence*, fut hors de mesure de nous donner des ordres compétens. *Nous nous interrogeâmes donc nous même sur ce que nous avions à faire.* Nous allons dire quelle route nous nous sommes tracée, et quels résultats nous avons obtenus.

231. — En levant le plan de cette forêt, que nous trouvâmes contenir 8176 arpens 95 perches,

nous eûmes occasion de la parcourir en tous sens ; de la voir dans ses détails les plus intimes ; d'étudier les variantes de son sol ; de bien examiner ses bois sur pied ; en un mot, de nous livrer avec la plus scrupuleuse attention au corps de recherches dont nous avons donné, ci-devant, l'aperçu.

232. — En recherchant, *au greffe de la maîtrise*, la date des usances des taillis ; puis, en rapprochant ces dates diverses du nombre des cercles ligneux, *en tant qu'ils sont indicateurs de l'âge du bois*, nous remarquâmes une étrange discordance entre ces deux sortes de renseignemens. Ce défaut d'accord nous fit reconnaître que, pendant plusieurs années, il y avait eu *nullité de production*. Nous dûmes attribuer cette nullité de production à un refus temporaire de la nature, *à une sorte de repos qu'elle avait eu besoin de prendre*. Par exemple, si une coupe usée en 1720 portait, en 1790, des gaulis qui ne témoignaient que *soixante cercles ligneux*, *malgré qu'ils eussent soixante-dix ans de date*, nous devions en conclure que les souches, au lieu d'avoir poussé de nouveaux rejets *dès 1720, année de leur exploitation*, n'avaient repris leur travail *qu'en 1730*, et qu'elles étaient restées oisives *pendant dix ans*. Nous remarquâmes, en outre, que le nombre de ces années nulles, et perdues pour le revenu, n'était pas constamment le même : nous

reconnûmes qu'il variait *suivant les divers fonds*, *et selon qu'ils étaient plus ou moins accessibles à la gelée.*

233. — Sur l'échelle du plan que nous venions de lever, nous construisîmes les figures morcellées et séparées de toutes les coupes adjugées *depuis quatre-vingt ans.* Nous nous étions procuré ces figures au greffe où elles sont régulièrement déposées par l'arpenteur en exercice. Ensuite, aidé des actes d'adjudications, et de beaucoup d'autres renseignemens puisés à la même source, nous entreprîmes d'asseoir sur notre plan, *par super-position*, *et chacune à sa place*, toutes ces figures de coupes anciennes. Nous inscrivîmes, dans chacune, l'année de sa dernière usance, et nous connûmes ainsi l'âge qu'elles avaient réellement alors.

234. — Il nous devint facile, en procédant ainsi, de voir à découvert tout le désordre qui s'était introduit dans le service. La désorganisation dont les effets se fesaient vivement sentir nous fut expliquée : nous reconnûmes une subversion qui datait de fort loin, et dont la maîtrise, *parfaitement bien composée, d'ailleurs*, ne se doutait pas le moins du monde.

235. — En examinant, *climat par climat*, les bois sur pied ; *en les comparant les uns aux autres* ; en rapprochant leur hauteur, leur grosseur et leur physionomie, de l'âge que nous indiquait le nombre de leurs cercles concentriques, il nous fut facile

de pénétrer les raisons locales du désordre qui se déroulait à nos yeux. Dans les bois venus sur souche, nous observions quelle essence se reproduisait la plus grosse, la mieux filée, la plus garnie du pied. De toutes ces remarques soigneusement annotées, de tous ces termes de comparaison, il ressortit la preuve évidente et complète *de la perte, de la nullité de huit à dix années de repos après l'exploitation.* Nous nous occupâmes donc de remédier au mal ; de calmer le travail outré des souches, et d'utiliser les années perdues *pour la végétation, ainsi que pour le revenu.*

236. — Quelque certain que nous fussions de la gravité du mal, nous crûmes devoir en chercher une nouvelle démonstration par surabondance à celle que, déjà, nous avions obtenue. A cet effet, nous rétrogradâmes vers le passé, et nous fûmes curieux de savoir où pourrait nous conduire l'analyse des trois dernières révolutions de coupes.

Une vente coupée dans l'année A (*expression d'une première révolution*) : La même vente exploitée dans l'année B (*expression d'une seconde révolution*) : la même vente, enfin, exploitée dans l'année C (*expression d'une troisième révolution*) : cette vente, disons-nous, portait *des baliveaux réservés à chacune des trois exploitations.* Or, après avoir cherché, dans les archives, l'époque fixe du commencement de chacune des *trois révolutions à résu-mer,* révolutions, qui toutes étaient expirées alors , nous eûmes à compter les cercles concentriques de ces arbres abattus, soit dans les coupes alors en exploitation , soit dans les laies que nous ouvrions pour tracer nos lignes d'opérations. Nous avions à comparer, ensuite, l'âge indiqué par le nombre de cercles avec l'âge que devaient avoir ces mêmes baliveaux, *selon qu'ils avaient été réservés lors de la première, de la seconde, ou de la troisième révolution.* Ceci posé :

Soit A le nombre d'années de la 1re révolution.

Soit B le nombre d'années de la 2e révolution :

Soit C le nombre d'années de la 3e révolution :

Soit X l'excédent présumé et cherché du nombre d'années pendant lesquels la nature a suspendu son travail *durant le cours de ces trois révolutions ensemble :*

Soit Y le nombre des cercles du baliveau sur lequel on opère ;

On avait $A + B + C - X = Y$.

Deplus, si les trois révolutions étaient de 60 ans chacune , on avait encore $A + B + C = 180$ ans.

Enfin , si le nombre des cercles du baliveau était 150 , on avait $Y = 150$.

Il y avait alors lieu de conclure que $X = 180 - 150$, c'est-à-dire que $180 - 150 = 30$ exprimait 30 feuilles perdues ; 30 ans dont les bois étaient demeurés en arrière ; 3o ans pendant lesquels la végétation avait été suspendue par l'effet consécutif de la fatigue des souches, et du repos qu'elles avaient pris spontanément.

237. — Nous observâmes que, durant ce repos des vieilles souches, le terrain s'était couvert de nouveaux plants venus de graines, et que *ces plants nouveaux surpassaient souvent en beauté le bourgeon des souches fatiguées.*

238. — Nous comparâmes l'*écorce* du bois, ainsi que *sa venue* dans les vallées, sur les hauteurs et à mi-côte. La hauteur des baliveaux ; la nature de leur enveloppe corticale ; le lancis de leur branchage, furent tour à tour l'objet de notre examen et de nos études. Aux *données* que nous nous étions acquises sur la perfection des bois dans tels et tels climats comparativement à celle de tels et tels autres de la même forêt, nous ajoutâmes quelquefois l'épreuve de la pesanteur d'un cube égal pris *au pied*, *au milieu et au sommet* du corps de l'arbre. Le poids et la densité relative de ces trois cubes nous donnaient assez souvent les preuves cherchées de la convenance de couper à tel âge plutôt qu'à tel autre. Enfin, nous inscrivîmes la substance de nos observations sur des papiers de retombe superposés à notre *plan-minute* où nous avions figuré toutes les *côtes et les aspérités du terrain.*

239. — Ce corps de recherches nous conduisit à diviser la forêt en *trois triages*, parce que nous y avions parfaitement distingué *trois degrés bien tranchés de productibilité*. Nous traçâmes donc, à travers la broussaille, le périmètre de ces trois triages dont nous levâmes les plans partiels que nous mîmes dans leur position respective sur notre plan général. Ce fut alors que nous reconnûmes combien la disposition des lieux se prêtait à l'ouverture de trois belles routes qui remplissaient le double objet *de séparer largement les triages entre eux*, *et de conduire les bois de la forêt aux ports de Montargis et de Puy-la-Laude*, sur le *canal de Loing où viennent confluer ceux d'Orléans et de Briarre*. Nous fîmes le tracé de ces trois routes, et nous abordâmes ensuite les calculs de finance. En dépouillant au greffe le revenu de cette forêt depuis *trois*, *cinq*, *dix*, *quinze*, *vingt*, *trente ans*, *cinquante ans*, etc., etc., nous eûmes des données certaines sur le moyen terme de ce revenu aux diverses époques que nous voulions comparer entre elles.

240. — Nous arrêtâmes ensuite nos projets d'aménagement pour chaque triage. Nous fîmes état *de la quantité, de la qualité, de la grosseur et de l'âge des bois qui devaient sortir de notre système année par année*. Nous trouvâmes la possibilité mathématiquement et physiquement démontrée de l'augmentation de revenu articulée dans notre *avant-*

propos. Nous eûmes à faire mettre en vente, *par forme d'extraordinaire*, une quantité considérable de bois surannés qui épuisaient le sol en pure perte. Il était urgent de les exploiter *afin qu'ils fussent d'âge compétent lorsque devait arriver leur tour d'usance dans le nouveau mode d'exploitation qu'il s'agissait d'imposer à cette forêt.*

241. — Après toutes les recherches préliminaires, après tout le travail préparatoire que nous venons d'exposer, nous divisâmes chacun des triages en grosses masses dont nous composâmes des *numéra-tions*, ou *séries de coupes.* Chacune de ces séries fut de 25 *ventes dans le premier triage* qui devait être *usé* à 25 *ans.* Elles furent *de* 40 *coupes dans le second triage* qui devait être *usé à* 40 *ans.* Elles furent, enfin, *de* 50 *coupes dans le* 3ᵉ *triage* qui devait s'exploiter *à* 50 *ans.*

242. — Nous eûmes, ensuite, à diviser, sur le terrain, les séries en autant de coupes qu'il en était attribué à chacune d'elles par le projet d'aména-gement.

243. — Vint après cela, l'arrangement de chaque *numération ou série;* nous voulons dire l'ordre et la SÉQUENCE *des coupes de proche en proche :* puis, enfin, le calcul de la contenance desdites coupes. Nous procédâmes successivement au bornage nu-méroté, comme au fossoyement des nouvelles ventes.

244. — En ce qui touche les bois à vendre *par*

forme de coupes extraordinaires, et que nous avons mentionnés (240) il nous fallut en disposer les adjudications *de manière à les faire concorder d'âge avec la nouvelle marche*. Il fallut surtout prévenir un engorgement , une surabondance qui eussent pu déprécier la marchandise aux yeux des adjudicataires ; ils furent donc vendus en quatre ans : *Il en fut adjugé pour* 436,679 *francs.*

245.— Nous terminâmes nos opérations du déhors par l'ouverture des routes du second ordre qui devaient faciliter les exploitations et les vidanges. A l'égard des travaux du cabinet, nous avons mis la réduction de notre plan minute à divers grandeurs plus ou moins portatives , et *même de dimension à pouvoir être gravé*. Cette gravure à laquelle était joint le tableau des *numérations ou séries de coupes à exploiter chaque année* , nous semblait devoir être l'*album* des officiers de la maîtrise , des adjudicataires habituels, des gardes , des usagers , et de tout ce qui était intéressé à la chose. *Lorsque des opérations sont sûres et bienfaites , que risque-t-on d'en donner la clef à chacun ?* quand il n'y a qu'un petit nombre de personnes initiées , le sort des forêts est fort hasardé. Elles sont le théâtre habituel des intervertissemens de coupes , et du désordre dont nous avons cité tant d'exemples. Un petit nombre de personnes peut se tromper à la fois et en peu de temps ; le public ne se trompe jamais.

246. — **Telles** sont les filières par lesquelles nous avons fait passer la refonte de la *forét de Montargis*. Telles sont les combinaisons, les études, les recherches *au dedans et au dehors*, et les procédés par lesquels nous avons élevé son revenu *de 85,000 francs qu'il était, année réduite, à un produit annuel et perdurable de plus de* 180,000 *francs*. Nous avons déjà dit, (*avant-propos*) et nous croyons devoir répéter ici, que l'augmentation survenue dans le prix-marchand du bois est tout-à-fait en dehors de l'importante bonification que nous venons de signaler. *Elle reconnaît pour cause unique le rajeunissement des âges, et la plus grande quantité de bois qui s'en est suivie à vendre par ordinaire.* Toutefois, la cherté progressivement croissante de la denrée exerce nécessairement une influence générale sur cette branche de commerce ; il est très-vraisemblable, dès lors, que le chiffre de son accroissement de revenu surpasse aujourd'hui celui de 180,000 francs.

247. — **Le** système par lequel nous avons plus que doublé le produit annuel de *la forét de Montargis*, nous a fait obtenir des succès analogues dans *le Chaumontois* dont *nous avons triplé le revenu, et par-delà*, puisque de 41,061 *francs* nous l'avons élevé à 127,822. On n'y coupait, par ordinaire que 33o *arpens* (*par infraction à un arrêt du conseil, de* 1719, *qui ordonnait d'en couper* 35o.) Mais

nous avons démontré *comment et pourquoi l'on de-*
vait y couper 45o *arpens*, *en* 15 *ventes.* A partir
de 1793, il y a donc eu une *augmentation de* 120
arpens sur les coupes ordinaires de chaque année.
(Nous disons *à partir de* 1793, parce que *depuis*
1784 *qu'ont commencé nos opérations*, nous avons
disposé que *jusqu'et compris* 1792, *il serait coupé*
5oo *arpens par exercice*, *afin de venir au secours*
des bois surannés et périssant sur pied. Ce n'est
donc *qu'à partir de* 1793 qu'on est incommutable-
ment entré dans l'usance de 45o *arpens par an.*)

248. — En foresterie, comme en politique, on
n'arrive pas à un nouvel ordre de choses sans de
fort grandes difficultés. *Il n'a pas été si aisé qu'on*
pourrait le croire, *de prime-abord*, *de passer du*
régime de 33o *arpens à celui de* 5oo , *pour ensuite*
s'arrêter définitivement à celui de 45o. Ainsi que
toute révolution politique ne prend assiette et ne
porte ses fruits qu'après avoir été long-temps entra-
vée dans sa marche, *par des volontés divergentes et*
par des intérêts contraires; de même tout nouvel
aménagement est contrarié dans son ensemble, et
traversé dans son exécution par des bois d'âges fort
différens entre eux. *De ces différences d'âges qui se*
présentent par tout, *sous tant de formes*, *sous tant*
de figures irrégulières et de contenances diverses,
il résulte une opposition souvent fort compliquée,
toujours fort embarrassante. On ne surmonte cette

opposition qu'avec *beaucoup de combinaisons, de travail et de persévérance.* Il faut infiniment d'art et d'habileté pour faire concourir, à l'augmentation d'un revenu annuel, des bois d'*âges discordants, mélangés entre eux dans des proportions aussi variables qu'il y a de coupes à mettre en harmonie.* Il faut un bien large ensemble d'idées pour organiser un nouveau système suivant lequel des ventes, composées de bois de tous âges, entrent pour leur contingent dans le revenu de l'année, *de manière surtout à ce qu'à révolution de coupes, chacune de ces ventes puisse avoir,* à très peu près, l'*âge qu'on assigne aux bois du triage entier.* On sent à merveilles que le problème serait insoluble *si l'on n'avait pas la ressource des bois surannés* pour faire compensation aux lacunes que l'on rencontre à chaque pas ; mais *il reste vrai qu'un travail de la sorte, aussi compliqué que sérieux, pénible et rebutant, est tout-à-fait hors du cercle de ce qui se pratique, et de ce que l'on sait faire aujourd'hui.* L'HONNEUR de *bien faire* et de *servir le pays* peut seul triompher de tant de difficultés locales : seul il peut enfanter les résultats curieux qui doivent en être la suite. Ces résultats ne peuvent être que l'œuvre de l'instruction, des talents, et d'une *volition* fortement prononcée ; mais *jamais les faveurs, la protection, ni les cautionnemens ne produiront rien de semblable,* SOUS QUELQUE GOUVERNEMENT QUE CE SOIT, *tant* que l'organisation forestière proprement dite restera ce qu'elle est, et ne sera pas reconstituée sur des bases toutes nouvelles (*).

(*) C'est au sujet de nos succès dans l'aménagement *de la forêt de Montargis*, que, M. PITOIN, *alors intendant des finances de la maison d'Orléans*, nous écrivit la lettre d'encouragement rapportée, *avant-propos*, pag. xxj.

CONCLUSION.

249. — Une masse de faits graves, bien constatés, nombreux et concordants , parle avec une autorité que les hommes de sens , que les âmes droites , que les cœurs français ne méconnaîtront pas.

250. — » Malgré que de majestueuses forêts cou-
» vrissent une grande partie de la France, une
» ordonnance de 1573 n'en prescrivit pas moins de
» garder en réserve une portion des *bois du roi.* Au
» sein de l'abondance on pensait donc à conserver,
» et même à accroître les richesses forestières dont
» on jouissait alors ; et voici que plongés dans l'in-
» digence, comme nous le sommes, nous ne son-
» geons point à nous procurer le nécessaire qui
» nous échappe. » *A dit* M. DRALET , dans son
Traité du hêtre , publié en 1824.

Ce studieux observateur de la nature et des choses expose aussi :

» 1°. — Que , d'après les registres de la marine ,
» d'accord avec ceux des douanes , nous sommes ,
» chaque année, tributaires de l'étranger, pour les
» arbres de construction que ne nous fournit plus
» le riche et beau sol de France ;

« 2°. — Que cette pénurie devient de plus en plus
» alarmante ;

» 3°. — Qu'en 1762, une poutre de 15 mètres
» de long, coupée dans les *Pyrennées*, et *rendue*
» *à Toulouse*, se vendait *quatre-vingt francs*,
» qu'en 1783, une pareille poutre y valait *trois*
» *cent francs* ; et qu'en 1803, elles se vendait six
» cent francs ;

» 4°. — Que *les Pyrennées sont maintenant épui-*
» *sées*, et que se sont *les forêts voisines du Rhône*
» qui *approvisionnent Toulouse ;*

» 5°. — Qu'en 1788, la France tira de l'étranger
» *pour* 24,572,000 *francs* de *bois*, de *charbon*,
» de *cendres*, de *soude* et de *potasse ;*

» 6°. — Que chaque jour voit accroître nos be-
» soins sans rien ajouter à nos ressources, sans
» même flatter nos espérances ;

» 7°. — Enfin, que *s'il n'y est porté un prompt*
» *remède*, le temps est proche ou il dépendra de
» l'étranger de nous empêcher d'entretenir nos
» arsenaux et nos édifices. »

Telle est, au vrai, notre *anxieuse* situation si
bien définie par l'impartial et laborieux conservateur des forêts du 12° arrondissement. Inspiré par
la *triple évidence de fait*, *de sentiment et de raison*,
cet honorable et zélé fonctionnaire a cru devoir répéter ce qu'ont déjà dit, en vain, les *Colbert*,

les *Réaumur*, les *Buffon*, les *Martignac* et les *Baudrillart* (*).

251. — Comment écarter de si graves et de si prochains malheurs ? Ce n'est assurément pas sur son administration forestière actuelle que la France peut fonder un solide espoir ; la choquante inhabileté de cette administration n'est plus à l'état problématique : sous quelque point de vue qu'on l'envisage, on ne peut que la reconnaître infiniment au-dessous de son mandat. Le gouvernement de CHARLES X, *quelqu'opposé qu'il fut aux idées nouvelles*, a si bien compris cette infériorité de moyens, *qu'il n'a pas*

(*) **M.** Baudrillart est, *en foresterie*, l'homme de la plus attachante érudition qui se puisse voir. Ses lumineux ouvrages lui assignent une place très-remarquable parmi les *hommes de désir* qui ont illustré le pays par des productions aussi largement conçues que purement écrites. Son discours préliminaire, contenant l'*histoire des forêts et de leur législation*, est un chef-d'œuvre de diction, de méthode et de clarté. Non seulement il s'y appuye sur les meilleurs auteurs français qui ayent écrit sur la manutention des bois ; mais encore il a puisé dans *Hartig, Burgsdorff, Laurop, Trunck et Verneck*. Il fournit, avec une rare distinction, sa carrière de *chef de la deuxième division*, près l'administration centrale. Il a appris et su tout ce que peut apprendre et savoir un grand travailleur attaché à des fonctions sédentaires : Il a fait et dit, dans l'intérêt des forêts, tout ce que sa position personnelle lui a permis de dire et de faire. On lui doit une bonne traduction, de l'allemand en français, des beaux ouvrages d'*Hartig*, et du manuel forestier de *Burgsdorff*.

cru pouvoir refuser aux besoins du siècle l'établisse-
ment d'une école spéciale forestière. Mais les promotions abstruses de 1831, ainsi que d'autres promotions antérieures plus *exhorbitamment surprenantes*
encore témoignent assez qu'il n'y a point d'amélio-
tions subtantielles, et *franchement voulues*, à espé-
rer de cette concession du pouvoir déchu, *tant que*
l'organisation du service sédentaire et du service
actif restera ce qu'elle est.

252. — En ce qui touche l'*école de Nancy*, proprement dite, il faut remarquer qu'alors même
qu'on y a reçu toute la somme d'instruction que
comporte l'ordonnance royale du 1er décembre 1824,
on ne sait, intrinséquement parlant, *que fort peu*
de chose. Les canditats qui se présentent pour être
admis, *comme élèves à l'école polytechnique*, sont
beaucoup plus forts, *en savoir*, que ne le sont communément les élèves qui ont suivi, même avec un
succès remarquable, tous les cours de *Nancy*, avant
d'entrer, *comme gardes généraux*, dans le service
actif.

L'organisation de cette dernière école présente,
d'ailleurs, une utopie dont le bon sens fait raison
tout d'abord. En effet, et selon l'échelle d'avancement, *un garde-général*, avec le temps, *peut deve-*
nir conservateur, comme *un sergent peut devenir*
colonel. Mais existe-t-il un seul corps où les subal-

ternes ne soient commandés par des supérieurs graduellement plus instruits qu'eux? — S'est-il vu
jamais qu'un sergent fut commandé par un capitaine
qui n'ait pas connu et pratiqué avant lui le maniement des armes? — Non, sans doute, et pourtant,
même en 1831, par l'effet consécutif d'un vice fonda-
mental de constitution, l'agence forestière de France
procède par le diamètralement opposé! Tel garde
général qui aura suivi, avec distinction, les cours
spéciaux de l'école peut, *selon le bon plaisir,* se
trouver *sous la dépendance insolite de tel inspecteur
improvisé qui demandera gravement quel arbre
produit les échalottes.* — Les gardes généraux,
éclairés du flambeau de la science, peuvent, à chaque instant, recevoir des *intrus-protégés* qui sont en
possession d'envahir les emplois, des instructions
incompatibles avec les préceptes de la science, ainsi
que cela s'est déjà vu (§. 157). De cette grotesque
anomalie, *de cette étrangeté de discipline,* il ne peut
pas ne pas résulter très-inévitablement, et surtout, A
L'INSU DES MANIPULATEURS, *l'analogue* de ce qui
est arrivé, de 1763 à 1772, dans la forêt d'Orléans,
où les *trente-deux* officiers de la maîtrise *proclamée
comme la plus habile du royaume,* SE BLOUSÈRENT
TOUS ENSEMBLE, par le bizarre intervertissement
des coupes de 10,443 arpens de bois, mentionné (§. 152).

253. — Les apologistes du système contre lequel

nous nous élevons avec une conviction si profondément sentie, nous objecteront, peut-être, qu'*on obscurcit le flambeau de la vérité quand on l'agite inconsidérément*. Cette objection spécieuse pourrait, à la rigueur, être admise dans une controverse de politique ou de théologie : mais avant de l'admettre comme applicable à l'objet qui nous occupe ici, nous demanderons quelles garanties ont les contribuables, et *le gouvernement lui-même*, que ce qui est arrivé déjà ne se répète pas habituellement sur plusieurs points de localité ? Nous demanderons pourquoi le trésor fait des frais énormes d'aménagement *puisqu'ils sont en pure perte*, attendu que les capacités forestières en exercice ne veulent ou ne savent pas s'y conformer ; et puisqu'en 1830 encore, il en a été des aménagemens de *Chaillou* DANS LA FORÊT DE BERCÉ (XIe conservation), comme il en a été des aménagemens de *Vauclin dans la forêt d'Orléans* (*voy*. pages 111 et 126) (*). Nous demanderons en quoi nos forêts sont aujourd'hui gouvernées avec plus d'intelligence, et mieux régies qu'elles ne l'étaient *il y a trois cents ans*, malgré que l'instruction d'*Hartig*, sur la culture des bois

---

(*) Pourquoi le mémorial de M. Herbin de Halle, pour 1828, dit-il que, dans la XIe conservation, les futaies qui y sont nombreuses s'exploitent de 100 à 150 ans d'âge, quand il est de *fait* que l'on y en coupe à 300 ans ? Pourquoi cette discordance entre *le dire et le faire ?* sur quoi donc statuer ?

soit, depuis 1805, le *veni mecum* de tous nos forestiers?

254. — **Depuis** des siècles, la France subit le joug d'une foresterie passive et pédagogue ; d'une foresterie stigmatisée d'une *claudication* sempiternelle. Les hommes à talent, les *forestiers par exception* qui s'y trouvent employés ont à s'appliquer ce qu'à dit Ovide : » *video meliora proboque, dete-* » *riora sequor.* » Remplaçons donc, enfin, une machine détraquée par une institution scientifique et vraiment nationale. Attendre de celle-là les produits substantiels qu'on obtiendrait de celle-ci, c'est prétendre cueillir des fruits savoureux et délectables sur un *sauvageon.*

255. — **Il est un terme a tout** ! Une stérile gestion dont l'impuisssance remonte au-delà de 1356; une gestion qui ne participe en rien aux perfectionnemens généraux qu'enfante la civilisation, ne saurait prolonger indéfiniment son empirisme sans insulter au *bon sens public.* Il faut donc *trancher le nœud-gordien,* et savoir prendre un parti décisif contre la pressante gravité du mal qui nous déborde. Les demi-mesures sont désormais incompatibles avec *la dignité du gouvernement,* avec *l'honneur du pavillon français,* avec *les nécessités industrielles du pays,* avec *les conditions de sa sûreté, pour ne pas dire de son existence.* Des moyens temporisa-

teurs ne feront que recouvrir d'un vernis fallacieux le vice capital qu'il est urgent d'extirper jusques dans ses racines. Le *protectorat* est l'emblême de l'*hydre à sept têtes;* si l'on capitule avec lui, les abus se reproduiront, *mutato nomine* (*). C'est seulement en confiant le service forestier à des *hommes concrèts*, que le pays aura des garanties réelles, et suffisamment rassurantes. Il faut en venir, soit à réaliser le projet, *autrefois conçu par* Tru-daine, *de réunir les eaux et forêts aux ponts et chaussées;* soit à *transmettre l'agence forestière à un corps spécial d'ingénieurs dont tous les membres auront à passer* par la filière du concours. Ce n'est que par la voie du concours, sauve-garde immédiate et naturelle *de la solidité des choix;* ce n'est que par ce moyen *si concordant avec le pro-grès des lumières*, que les antichambres et les bu-reaux ministériels se déblayeront de l'assommante médiocrité qui les encombre sans pudeur, et qui les assimile aux *écuries d'Augias.*

(*) Un individu avait succombé dans un démêlé qu'il avait eu à soutenir devant la *cour d'assises du Haut-Rhin* ; mais, nonobstant cette catastrophe flétrissante, et au grand scandale de ceux qui ont connu cette *échauffourée* du protectorat, ce même individu figure, dans le mémorial statistique des forêts du royaume, année 1828, comme *agent forestier* chargé du service, et, comme tel, asser-menté devant le tribunal de son ressort !!! que faut-il penser d'un aussi révoltant cynisme ?

256. — Le moment est venu de rapprocher la science forestière des sciences exactes, dans toutes les proportions selon lesquelles ce rapprochement est praticable. L'heure. est arrivée d'organiser le service des forêts à l'instar de ceux des *mines*, des *poudres et salpêtres*, du *génie*, des *ponts et chassées*, etc., etc. UT PICTURA POESIS. Malgré qu'il y ait une *école spéciale de marine*, à bord de l'*Orion*, en rade de *Brest*, (comme il y a une école spéciale forestière, à Nancy), on recrute néanmoins, parmi les sujets de l'*école polytechnique*, des successeurs aux DUPERRÉ, aux DERIGNY ; toutes les écoles d'application y puisent des capacités du premier ordre : pourquoi n'y récruterait-on pas aussi les *Burgsdorff* et les *Hartig* français qui nous ont manqué jusqu'ici, et qui nous manqueront aussi long-temps que durera l'ordre actuel de choses ?

257. — Il faut, au surplus, respecter la possession d'état, et ne jeter la perturbation dans l'existence de qui que ce soit. Ce serait donc seulement à mesure de la vacance des emplois, soit par décès, soit par admission à la retraire, que le remplacement dont nous ouvrons l'avis recevrait son application.

De cette manière, les agens actuellement en exercice n'auraient point à se plaindre : *aucun d'eux ne serait froissé.* Ceux qui sont encore d'âge à ressentir la brulante émulation dont la jeunesse fran-

çaise est enflammée accueilleraient le nouvel ordre
de choses par acclamation. La carrière s'agrandirait
pour eux, surtout *si le principe de la liberté d'enseignement était consacré;* et si le concours seul déci-
dait l'admission des candidats, *à quelque source
qu'ait été puisée l'instruction requise* quand, d'ailleurs, elle serait complette, et *quand il en serait
publiquement justifié;* car la publicité est la plus
forte garantie contre la fraude, et contre la conni-
vence, a dit le savant *Dupin* (*).

258. — Cette nouvelle carrière ouverte aux élèves
de la première école du monde civilisé, (l'école polytechnique) serait l'honorable et juste récompense
de l'héroïque valeur, et du dévouement à la patrie
de ces *nouveaux spartiates.*

259. — Un corps aussi compacte et aussi savamment composé que nous venons de le dire parlerait
un langage inconnu jusqu'ici dans cette *mère-bran-
che* de l'administration publique. Des rapports lumineux et substantiels dévoileraient enfin une situation forestière qui sera toujours mystérieuse pour
les regnicoles *tant que les épanchemens de la franchise et de la vérité seront comprimés par la crainte
d'attirer sur soi l'injuste disgrâce* d'une administration centrale *excentrique à son mandat* et *qui n'en-*

(*) **Dans son édition du** *Code forestier.*

tend pas raillerie sur le chapitre des révélations. Les sciences exactes subiraient de nouvelles applications qui enrichiraient la société de nouvelles découvertes, et qui agrandiraient le domaine du génie national. Le pays aurait enfin des *ingénieurs-forestiers* dignes de ce nom tout neuf. Tous les membres de ce corps, indistinctement et dans tous les grades, (à partir de celui de *garde général,* inclusivement, jusqu'à celui de *directeur-général* inclusivement aussi), seraient aptes à lever trigonométriquement tous les nouveaux plans dont le besoin se ferait sentir ; comme à rectifier les plans anciens qui auraient cessé d'être la fidèle expression du terrain (*). Nous rivaliserions

---

(*) Avec un *personnel* ainsi composé, l'on ne verrait plus de ces lourdes et grossières méprises qui compromettent le service, et dont les adjudicataires font *gorge-chaude* ; par exemple :

En exécution de la loi du 25 mars 1831, des affiches ont été apposées pour désigner les bois à vendre, par fonds et superficie, *devant le préfet de la Mayenne.* Le bois de la *Baronie, arrondisse- de Laval,* figurait sur ces affiches. *Une contenance de 59 hectares lui était attribuée, mais il en contenait 72.* Or, le 30 mai dernier, *jour fixé pour l'adjudication,* les enchérisseurs étaient réunis, dans la salle de la préfecture, *à Laval. On allait allumer les bougies* quand une autorité compétente qui avait, à ce qu'il paraît, découvert *la méprise,* est intervenue, *séance tenante,* et, *coram populò,* pour requérir qu'il fut sursis à l'adjudication.

Un préalable mesurage du *bois de la Baronie* eut prévenu cette *équipée* qui a produit, dans le public, un mauvais et fâcheux effet. Mais la faute n'est pas imputable au conservateur puisque l'administration centrale, pour *liarder* sur des frais d'arpentage,

Bientôt de prospérité forestière avec la *Hollande*, avec l'*Allemagne*, avec le *Nord*, et notre belle France, affranchie des tribus onéreux qu'elle porte à l'étranger, aurait aussi des HARTIG, et des BURGSDORFF.

260. — Au moyen de cette mesure d'une exécution si facile, et si vivement conseillée par l'autorité du bon sens ; au moyen de cette mesure qui, loin d'imposer de nouvelles charges au trésor, ferait succéder de sages économies à des dépenses mal entendues, souvent même en pure perte (Entre autres *celle des aménagemens* (§. 161) *auxquels on ne sait pas se conformer*), de nouveaux et nobles encouragemens décernés à l'illustration du talent da-

---

fait établir *la contenance des bois à aliéner, en sommant* les contenances partielles selon lesquelles ont été adjugées les anciennes coupes dont se composent lesdits bois, (*géométrie économique, et de nouvelle création, qui n'est plus la géométrie de l'institut*) ! Comment un conservateur qui ne saurait voir les choses de trop près, et trop souvent, peut-il les voir assez souvent et d'assez près ? Comment peut-il être assez rapproché de tous les détails de son affaire, quand les adjudications annuelles absorbent un mois de son temps, et *quand l'administration forestière ne lui alloue que soixante-cinq journées de déplacement, à raison de vingt francs par jour* ? C'est donc moins aux agens subordonnés qu'il faut s'en prendre qu'à la *flaccidité d'organisation* qui en dirige le mouvement. *Un vice de fonds ne peut que produire des vices de détail.* Il faut dire d'un désordre si prolongé » *vires acquirit eundò.* »

teraient du règne de Louis-Philippe, et ne pourraient qu'ajouter à son naissant éclat.

261. — *En matière forestière*, la France a eu de
très-illustres écrivains que peut lui envier l'*Allemagne* ; mais jamais encore, aucun écrivain français
n'a eu le double mérite de produire, dans un cadre
aussi resserré, un aussi savant corps de doctrines
qu'*Hartig* ; ni de faire *marcher de front* la science
d'une longue et brillante pratique avec une lumineuse et profonde théorie. La mesure que nous
osons soumettre aux *hommes de lumière* ajouterait
bientôt cette gloire nouvelle à toutes les gloires qui,
déjà, rehaussent le nom français. A cet effet, l'*école
de Nancy* deviendrait purement et simplement une
école d'application, comme celle *de la marine, des
ponts et chaussées*, etc., etc. On s'y familiariserait
avec la législation et la jurisprudence, *tant administratives que judiciaires*, sur ce qui se rattache aux
eaux et forêts ; ainsi qu'avec la botanique forestière,
en ce qui touche l'époque de la maturité des semences, et de leur récolte ; leur préparation et leur
conservation, car le succès des semis est sous la
dépendance immédiate de la qualité des graines. Il y
aurait à y asseoir, *sur de larges bases*, l'enseignement
de la physique végétale ; de l'histoire naturelle *ap-
pliquée aux forêts* ; de la culture, du gouvernement,
et de l'exploitation des bois ; de l'éducation des ar-

bres propres aux constructions civiles et navales, etc.
L'institut, et la société royale et centrale d'agriculture pourraient être utilement consultés sur le mode et sur l'organisation de cet enseignement tout spécial.

262. — C'est par cette *mesure d'ensemble* que nos forêts, enfin émancipées d'une tutelle exactionnaire n'auraient plus à dépendre d'une légion de *préposés sans à-propos, qui peuvent vouloir*, mais *qui ne savent pas pouvoir* dans une carrière où l'application de la géométrie, ou la solidité du jugement, la méthode et la précision du travail, *l'esprit de suite*, et la permanence de l'exploration sont des CONDITIONS DE RIGUEUR. Ces conditions sont *solidaires pour la vitalité des forêts*, comme l'honneur est solidaire dans les familles. On comprend, et de reste, combien *elles sont impossibles à remplir avec l'organisation forestière actuelle, et combien cette organisation molasse rend le problème insoluble.*

263. — L'objet vaut la peine qu'on y pense, et nous répétons que chacun de nous autres français est réduit à *moins de neuf pieds cubes de bois, par an*, pour constructions nouvelles, grosses et menues réparations, chauffage, service culinaire, consommation de fours à pain et à chaux, etc., etc. *Voilà*, il faut en convenir, *une bien triste allusion à* l'HOMME AUX QUARANTE ÉCUS *de Voltaire.*

264. — **La louange** que les nuances d'opinion attachent ou refusent à la carrière administrative des hauts personnages est quelquefois embarrassante pour la postérité : quelquefois même des éloges de mauvais aloi sont démentis par l'histoire contemporaine. Mais le nom, de l'homme d'état qui aura *assez de force d'esprit*, avec *assez d'énergie dans la volonté* pour sortir des sentiers battus, et pour appliquer à nos forêts indignement mutilées, le système reparateur *dont nous venons de poser la pierre angulaire*, sera écrit, en caractères ineffaçables, dans le livre des grandes et généreuses conceptions.

Le lierre rampe et demeure inaperçu, s'il est privé de l'appui du chêne. Nous plaçons donc sous la haute protection de tous les corps savants et de toutes les sociétés agricoles, amis toujours fidèles des progrès de l'esprit humain, les Considérations d'ordre et d'intérêt public que développe cet ouvrage. Nous osons recommander à leur patriotique sollicitude ce dernier fruit d'une longue et dispendieuse expérience. Puissions-nous fixer leurs sévères méditations, et par contre-coup, celles du pouvoir, sur un objet qui intéresse, à la fois, le ministre en faveur et le garçon de bureau, l'opulent capitaliste et le modeste rentier ; le palais et la chaumière.

Plinguet,

Ancien Ingénieur des Princes Louis-Philippe et Louis-Philippe-Joseph, Ducs d'Orléans, père et grand-père du Roi Louis-Philippe Ier

APPENDICE

AU

MANUEL DE L'INGÉNIEUR-FORESTIER (*),

*Où l'auteur, dans une réponse à messieurs les admi-
nistrateurs des forêts, explique des intentions mal
comprises, et où il expose :*

1.° — Que l'aliénation, par fonds et superficie,
des forêts de l'État, loin d'être productive au trésor,
lui impose un déficit de 41,346,000 francs, *valeur
métallique*, outre le gaspillage de 450,000 hectares
de terrain enforesté ;

2.° — Que, par de semblables conceptions finan-
cières, tous les *Te Deum* se traduisent en *De Profundis*.

(*) Un volume in-8°. — Prix 5 francs. — Au Mans, chez
Monnoyer, imprimeur-libraire ; rue Saint-Dominique, n.° 1,
et chez l'auteur, à Pont-Lieue, près le Mans. On en distribue
gratuitement le prospectus : *Les letttres non affranchies ne seront
point acceptées.*

13 *juillet* 1831.

A Messieurs les administrateurs généraux
des forêts,

M. le conservateur, au Mans, vient de me re-
mettre la lettre du 9 de ce mois par laquelle M. *Lorentz* m'accuse réception du *Manuel de l'Ingénieur-
forestier* que j'ai eu l'honneur de vous offrir. —
M. le sous-directeur me dit, à ce sujet : » Je me
» ferai un plaisir de vous lire à tête reposée, et je
» rendrai à votre travail toute la justice qu'il mérite.
» Celui qui proclame la nécessité des connaissances
» spéciales pour le traitement des forêts a rendu
» service à sa patrie. L'administration vous présente
» ses remercimens ; mais *si vous ne la traitez pas
» mieux dans l'ouvrage que vous ne l'avez fait dans
» le prospectus*, je crains qu'elle ne regrette les
» témoignages de sa reconnaissance. »

Ces dernières paroles, messieurs, ne passeront
point inaperçues. Je ne saurais reculer devant des
explications auxquelles semblent m'inciter de hauts
fonctionnaires dont je conçois la position, et dont
j'honore le caractère personnel. Je vais donc aborder franchement la matière ; je vais éclaircir ce qui
a pu vous paraître obscur, et je vais tâcher de me
rendre intelligible.

Ainsi que Napoléon a souvent utilisé des hommes

qui, sans la finesse de son tact et de son discernement, n'eussent point eu l'occasion de s'illustrer en
illustrant la noble France, de même M. *le baron
Louis* a distingué, sans doute, dans la personne de
M. *Pierre Martin*, un sujet capable d'une bien plus
haute sphère que celle où il était inscrit ; *il en a fait
un sous-directeur.* Moralement responsable du succès
de son administration, le ministre est libre et le doit
être dans le choix de ses instrumens. C'est une prérogative avouée par le bon sens et par la raison,
surtout quand l'objet de la préférence est capable de
la justifier comme je suppose que l'est M. *Martin.*
Il faut donc, jusqu'à preuve contraire, attribuer
l'*élévation* de celui-ci *sur le pinacle*, à son mérite
intrinsèque plutôt qu'à la protection accidentelle
d'une grande dame que l'on dit avoir beaucoup d'empire sur les volontés d'un oncle *aujourd'hui ministre*, et que la chronique du temps a supposé ne
pas être étrangère à certaines nominations. Au reste
il ne s'agit point ici d'une question de personnes,
mais seulement d'une question de choses. Au gouvernement appartient le choix des hommes : au public appartient d'examiner la valeur des choses.
Toutefois, messieurs, reconnaissons que, dans l'espèce, les hommes et les choses se touchent de si
près, qu'à certains égards, il est difficile de ne pas
paraître confondre les uns avec les autres. Quelquefois donc, on semble être antipathique aux hommes,

encore bien que l'on veuille n'être que le censeur des choses.

Ceci posé, messieurs, et pour l'intelligence de ce qui va suivre, j'ai à vous faire observer qu'ayant jadis connu M. *Chauvet père*, alors propriétaire d'un domaine, dans les environs d'*Orléans*, je n'ai pas vu sans intérêt son fils être nommé chef de la onzième conservation à la résidence *du Mans*. Celu-ci se croyait appelé, par ses talents, à succéder bientôt à son père, *comme administrateur général*. Vous sentirez dès-lors, messieurs, combien de *noir* à dû lui faire *broyer* l'admission prématurée de son père à la retraite, ainsi que la création inattendue de deux sous-directeurs. Lorsqu'au sujet de son installation, je suis allé le complimenter, son amer désappointement devint le sujet de la conversation. Des épanchemens dont j'ai recueilli la substance avec avidité me plongèrent dans un paroxisme de surprise qui dure encore, et qu'à ma place vous eussiez certainement éprouvé vous-même. J'ai su de lui que le taux réduit des bois aliénés en vertu de la loi du 25 mars 1817, n'avait été que de 740 fr. par hectare, *pour le fonds et la superficie*.

Pour un moment, messieurs, je m'arrêterai sur cette *donnée*, car j'ai à vous soumettre un rapprochement entre le chiffre 740 (expression de la valeur obtenue des bois de l'Etat), et la valeur réduite de l'hectare, dans la forêt d'Orléans *prise pour terme de comparaison.* Il est établi dans mes *dossiers de recherches*, et j'ai posé en fait, *page* 152 *de mon nouvel ouvrage :* 1.º Que de 1780 à 1789, le prix réduit des arpens adjugés dans cette forêt a été de 306 liv. 17 s., ce qui porte le prix réduit de l'hectare à 598 fr. 36 c. ; 2.º que dans l'intervalle des 19 ans qui ont couru de 1770 à 1789, le prix réduit de l'arpent a subi une augmentation de 119 liv. 15 s., ce qui augmente l'hectare de 233 fr. 52 c. Or si, dans un intervalle de 19 ans, l'hectare a pris une *plus-value* de 233 fr. 52 c., vous m'accorderez, sans doute, que pendant les 28 ans qui se sont écoulés de 1789 à 1817, époque de la première aliénation, l'augmentation du prix marchand, par hectare, a été au moins équivalente à celle qui s'est fait remarquer de 1770 à 1789. Si donc à 598 fr. 36 c., ancien prix de l'hectare, on ajoute les 233 fr. 52 c. représentatifs de son augmentation réduite *pendant les 28 années* susdites, on aura pour prix de l'hectare, (EN SUPERFICIE SEULEMENT) 831 fr. 88 c. Or, chez vous, messieurs, *le fonds et la superficie* ENSEMBLE *n'ont produit que* 740 fr. donc par sa première opération financière, *le ministre dirigeant* a apauvri le trésor d'une perte intégrale et foncière de 150,000 hectares de terrain boisé, et de 91 fr. 88 c. par hectares de la même superficie, puisque 740 francs à retrancher de 831 fr. 88 c. laissent en arrière cette différence négative de 91 fr. 88 c. Si maintenant, on

applique aux 3oo,ooo hectares que l'on dépece aujourd'hui les résultats que je viens de faire ressortir
de l'aliénation de 15o,ooo hectares déjà consommée,
en vertu de la loi du 25 mars 1817, il se trouvera
qu'en dernière analyse, et *sans utilité quelconque*,
le royaume sera dépouillé de 45o,ooo hectares de
ses antiques forêts, outre qu'en multipliant cette
surface mutilée de 45o,ooo hectares par 91 fr. 88 c.
*expression de la sous-valeur de superficie par chaque
hectare*, il se trouvera une somme de 41,346,ooo fr.
dont le trésor est appauvri, GRACES A LA CONSTITU-
TION FORESTIÈRE QUI PÈSE SUR LE PAYS. Donc par
des agents dissimilaires et par des mesures mal prises, *sous les deux mémorables ministères du même
homme d'État*, tous les *Te Deum* se traduisent en
De Profundis.

Outre ce premier désastre si propre à expliquer
le *crescendo* de nos budgets, et dont M. *Chauvet*
m'a fourni les élémens de calcul, il a bien voulu me
mettre aussi sur la voie de toutes les turpitudes que
fait éclore le commerce illicite des emplois forestiers. La circulaire écrite, le 1er décembre 1824,
par feu M. *de Bouthilliers*, m'a été donnée en
communication. J'ai sçu en outre le nom des personnages et les *scènes à tiroir* qui ont eu pour dénoue-
ment les promotions mentionnées *seulement par ex-
trait, et pour échantillon, page 96 et note de la
pag. 213 de mon récent ouvrage*. J'ai sçu qu'en 1827,

l'inspection de B... L.. D.. avait été vendue à un sous-inspecteur, moyennant une rente viagère de 1000 fr. reversible pour 5oo fr. sur la tête d'une veuve. — J'ai sçu qu'en 1829, l'inspection de V.... avait été donnée au sous-inspecteur de *Saint* D...... moyennant 10,000 fr. comptant, plus la retenue du trimestre à écheoir au profit du vendeur. — J'ai sçu qu'en 1829, ou 183o, un garde à cheval de l'inspection de C......... *sur-Seine* avait payé son brevet 15oo fr.; que l'inspecteur en avait rendu compte à l'administration centrale ; que le commis entre les mains de qui était tombée la *lettre d'avis*, avait *éventé la mèche*, et qu'en châtiment de son bavardage, le gloseur indiscret avait été changé de *division*, et gratifié d'une sévère réprimande. — J'ai sçu qu'un monsieur R......., soi-disant *ex-commissionnaire de roulage* avait été depuis peu, *nommé conservateur* à A.. — De ces mystérieux brocantages, j'ai dû conclure que la circulaire *Boulhilliers* n'était que *chose de pure forme*, et de bienséance extérieure, mais que l'*on autorisait tout bas ce que l'on blâmait tout haut*. J'ai dû conclure que la démoralisation ne perdait rien de ses funestes empiétemens : qu'avec de la souplesse dans les formes et des *rouleaux d'or* à sacrifier, on laissait en arrière des sujets d'élite qui n'ont d'autres protections qu'une capacité réelle et bien éprouvée, que le goût du travail, que le noble orgueil de bien faire, et qu'une grande distinction de conduite ; j'ai dû conclure, enfin, *que les caprices du pouvoir prenaient la plus décourageante latitude.* Sous ce dernier rapport, j'ai sçu quelle influence avait exercé sur l'état sanitaire de M. *Baudrillart* l'oubli que, dans ce débordement de *faveurs-en-goguettes*, on avait fait de sa personne, malgré que de longs et recommandables travaux lui donnassent le droit de figurer au premier rang. J'ai même sçu par quel heureux supplantateur on avait voulu lui faire annoncer sa *déconvenue*; mais j'ai refusé de croire à un tel raffinement d'inconvenance et de persifflage. — J'ai sçu enfin beaucoup plus de choses ébahissantes que je ne pouvais m'y attendre.

Dans le premier moment de surprise extatique où m'avait plongé le rare abandon du nouveau conservateur, je me proposais d'insérer, au bas de la page 220 de mon livre, la note que voici : » Que » M. *Chauvet*, conservateur au Mans, veuille bien » nous permettre de lui offrir ici l'expression de » notre gratitude pour les piquants détails que nous » devons à l'indépendance de son caractère, ainsi » qu'à sa pieuse sollicitude pour le bien du service. » Son aimable atticisme a soutenu nos efforts; il a » rendu cet ouvrage moins incomplet qu'il ne le » serait si nous eussions été privés des renseigne- » mens que nous tenons de son obligeance exquise. » Comme nous, M. Chauvet a dit, *amicus plato* » *sed magis amica veritas.* »

Dans l'entrefaite, je reçus la visite de M. *Bro-chard, garde à cheval attaché aux bureaux de la conservation* : il m'était envoyé par M. *Chauvet.* Je lui donnai connaissance de la note projetée dont, vraisemblablement, il rendit compte à son *patron :* du moins est-il vrai que, le soir du même jour, celui-ci vint, de sa personne, me solliciter *de ne faire aucune mention de lui dans l'ouvrage qui allait être publié.* La présence d'un *tiers* qui avait accompagné M. *Chauvet* chez moi l'empêcha de s'expliquer plus librement; mais il revint seul, le lendemain, et dans l'effusion d'un tête-à-tête il joua, comme on dit, *cartes sur table.* Il ne me dissimula point que » son père l'avait informé de la grande » irritation produite dans les bureaux de l'adminis- » tration centrale par mes CONSIDÉRATIONS D'ORDRE » ET D'INTÉRÊT PUBLIC; *qu'on les y attribuait à des* » *révélations indiscrètes de sa part;* qu'en consé- » quence *il n'y avait pas un moment à perdre pour* » *écrire dans un sens propre à détourner ces soup-* » *çons fâcheux.* — A sa lettre de *replâtrage*, on » avait répondu, poursuivit-il, qu'ON SE PLAISAIT A » CROIRE *qu'il n'était pour rien dans tout cela;* » mais qu'à travers ce qu'ON SE PLAISAIT A CROIRE » *il entrevoyait des arrières pensées qui ne lui sou-* » *riaient pas.* Il ajouta qu'une note qui lui serait flat- » teuse découvrirait *le pot aux roses*, et ne man- » querait pas de le compromettre au sérieux ; que

» M. *Marcotte* qui n'entend pas raillerie sur les
» révélations, pourrait en prendre l'occasion d'un
» rapport au ministre, rapport qui pourrait fort bien
» avoir pour effet consécutif un changement de
» collocation, chose fort dispendieuse d'une part,
» et qui, de l'autre part, heurterait de front ses ar-
» rangemens de famille, etc., etc. » M. *Chauvet*
termina par me demander *avec un affectation bien
marquée* que je lui rendisse l'*original de la circulaire Bouthilliers.* Cette circulaire n'était pas sous
ma main, nous nous séparâmes. — Cependant les
aveux qui venaient de lui échapper, rapprochés de
son insistance à se ressaisir de la *circulaire officielle*
me témoignèrent assez combien il visait à sortir de
sa fausse position, à quelque prix que ce fût. Or, je
ne voulus pas qu'*en se décompromettant,* il pût me
laisser compromis à sa place : je lui adressai donc,
le 13 juin dernier, la lettre que voici :

» Lorsque dans notre conférence du 10 de ce mois,
» vous m'avez avoué le système de dénégation dans
» lequel vous vous êtes renfermé envers MM. *Mar-
» cotte* et *Pierre Martin*, vous avez, sans le pré-
» voir, fixé dans mes cartons la circulaire du 1er dé-
» cembre 1824. Ces dénégations de *ravisé* vous
» ayant fermé les issues par lesquelles vous pourriez
» revenir à un franc aveu de la vérité des choses, *le
» directeur et le sous-directeur*, persuadés, puisque
» vous les en avez convaincus, que vous êtes étranger

» à tout ce qu'expriment mes *considérations d'ordre*
» *et d'intérêt public*, ne vont savoir sur qui faire
» planer leurs soupçons. Dans leur incertitude, à
» cet égard, peut-être m'inviteront-ils à leur faire
» connaître la source où j'ai puisé ces curieuses
» révélations. Or, si j'avais à m'expliquer sur ce
» point, *chose qui n'est pas impossible*, vous sentez
» combien il me serait indispensable d'exhiber la
» circulaire que vous réclamez : elle grossira donc
» provisoirement les autres notes autographes dont
» vous m'avez enrichi. Quand le temps et la ré-
» flexion auront agi sur les ressentimens que vous
» redoutez ; quand sera calmée cette grande effer-
» vescence dont votre démarche épistolaire auprès
» des deux administrateurs prénommés a eu pour
» objet de prévenir les suites, alors, mais seule-
» ment alors, la *circulaire-Bouthilliers* pourra sortir
» de mes mains pour repasser dans les vôtres.

    « Agréez, etc. »

Quatre jours après l'expédition de la lettre qui
précède, M. *Brochard*, au nom de M. *Chauvet*
vint me présenter le volume des œuvres de M. *Baudrillard* où est rapporté le texte de la circulaire, objet de sa réclamation. Il me fit envisager que dans
le cas d'une enquête ultérieure, je pourrais exciper
de la publicité dont il venait de m'être justifié. *La
circulaire en original* fut dès lors mise à la disposition de M. le conservateur.

Tels sont, messieurs, les faits de la cause dans leur plus rigoureuse exactitude et *dans toute leur nudité*. J'avais autrefois connu M. *Chauvet père*, mais je n'avais aucunement l'avantage de connaître son fils que rien ne provoquait à s'ouvrir avec moi comme il a jugé convenable de le faire. Seul, et tout seul il est la cause occasionnelle et transmissive des *considérations d'ordre et d'intérêt public* disséminées dans mon ouvrage, et dont les circonstances du moment m'ont fait extraire un *factum* spécial. Ces considérations, je sais à M. *Chauvet* un gré infini de m'avoir mis à même de les publier parceque *j'en crois la publicité nécessaire*, et *de nature à produire d'utiles réformes*. Du reste il n'appartenait qu'à M. le conservateur de comprendre sa position, et *de s'éviter l'embarras d'une rétractation mal-sonnante :* lui seul avait à prévoir quelle influence pouvaient exercer sur son avenir des épanchemens spontanés *sur lesquels je ne lui ai ni promis, ni entendu promettre de me taire.*

J'attribue à de louables motifs les révélations de M. *Chauvet*, mais je ne puis m'expliquer ni ses irrésolutions ni son système rétrograde. Il faut qu'une porte soit ouverte ou fermée. Quant à moi, messieurs, qui stipule avant tout dans l'intérêt du bien public ; moi qui, *dans l'intérêt de la science*, ai distribué tout gratuitement mon *Traité des Réformations avec cartes et tableaux*, tiré à quinze

ceuts exemplaires, en 1789, (traité qu'aujour-
d'hui *madame Huzard*, libraire, rue de l'Eperon,
n.° 7, à Paris, vend, à son profit personnel, exclusivement au mien, 7 et 8 francs 25 c.) : Quant à moi
qui ai reculé plus d'une fois devant des moyens
trop faciles de faire une brillante fortune, et qui ai
porté le désintéressement jusqu'à compromettre de
gros capitaux, et à devenir pauvre pour avoir augmenté de 173,000 francs le revenu annuel des forêts
de l'*apanage d'Orléans*, *je n'admets point de motifs qui puissent imposer silence à une conviction
judicieuse et bien assise.* Je m'élève donc *de toute
celle conviction* contre l'éventualité de ressources qui
plane sur nos chantiers maritimes. Je déplore les
combinaisons à courte-vue qui, sous le premier ministère du baron *Louis*, ont contraint vos devanciers à démembrer, de leurs propres mains, 150,000
hectares du dépôt qui leur était confié. Je vise à ce
que le peu de bois qui reste à la France cesse, enfin,
d'être le point de mire des *chercheurs d'expédients*
qui, par la loi récente du 25 mars 1831, vous im-
posent le triste mandat d'étendre (*encore sous le
ministère de M. l'abbé Louis*) une dévastation in-
fructueuse sur 300,000 hectares de nos forêts. Les
faits proclament que *la foresterie actuelle n'a point
assez l'esprit de suite et d'homogénéité pour lutter
avec succès contre tant de volontés éphémères,
contre tant d'exigeances, contre tant de souplesses,*

de despotisme, *de mignardises et d'obsessions* dont elle est débordée, dont elle est *automatisée*. Au demeurant, messieurs, les forêts du pays n'auront jamais qu'un *tuteur partial et mal-désintéressé* dans la personne d'un *ministre des finances*, fut-il aussi probe et vertueux que l'était *Sully*. En effet le département des finances, dans sa spécialité, a pour objet exclusif de *créer de l'argent* autant qu'en absorbe un service public de plus en plus grevé du nouveau *livre rouge* qui pèse sur les contribuables. Le devoir et la conviction d'un *tuteur-financier* céderont donc toujours à l'*empire des circonstances*. *Toujours l'existence des forêts sera mise en question, toujours elles seront mises en jeu pour faire face aux besoins de toute espèce;* en substance, notre machine forestière n'est rien qu'une *machine à battre monnaie*, sans plus ni moins : c'est une foresterie *au jour le jour* et *sans prévoyance aucune pour l'avenir;* ce dernier type, ce dernier caractère essentiel lui manque absolument. Il faut donc conclure, messieurs, que *les forêts*, envisagées sous le grand rapport de leur *destination originelle*, et de leur affectation morale aux services divers tels que *la marine*, *le commerce*, *les arts*, *l'architecture*, etc. *doivent ressortir du* DÉPARTEMENT DE L'INTÉRIEUR. C'est seulement ainsi que seront fidèlement assurés les besoins forestaux du *présent* et de *l'avenir* sagement prévus, sans empiètemens et sans réactions réciproques. *C'est seulement par cette heureuse et nécessaire transposition de surveillance que sera bien comprise et franchement acceptée la nouvelle application des sciences exactes que réclame mon ouvrage.* Je prends donc, messieurs, la liberté de soumettre à vos réflexions, comme *je soumets à la haute pensée du gouvernement* l'examen de la convenance et de l'opportunité qu'il y aurait à distraire le précieux reste de nos forêts du cercle trop flexible de la *financialité*, pour le faire passer *dans le département de l'Intérieur* qui a plus spécialement dans ses attributions *le progrès des lumières, la savante étude des perfectionnemens, et le développement de toutes les conceptions généreuses.* Je le répéte, toujours un *ministre des finances* quel qu'il soit, *sera un infidèle et dangereux dépositaire des forêts du pays.*

Fort de ma conscience et de mes intentions littéraires, je n'accepterai donc pas, si vous voulez bien le permettre, messieurs, les reproches que M. *Lorentz* m'adresse en votre nom. Lancé dans la facture d'un *ouvrage consciencieux,* que m'a inspiré la situation forestière du pays, vous comprendrez tout ce qu'a dû me faire endurer de perplexités indicibles une longue série de faits inouis, *émanés d'une source officielle,* et surtout *éclos, pour la plupart, au mépris de la renaissance de juillet* 1830. Depuis cette grande époque de notre histoire, on a parlé d'associations patriotiques sur la tendance desquelles l'opinion s'est partagée ; mais tous les vœux convergeraient en faveur d'une réunion d'efforts qui aurait pour objet de mettre au grand jour toutes les anfractuosités de notre machine forestière , *machine dont les moteurs sont des instrumens toujours dociles* POUR NE PAS DIRE TOUJOURS PASSIFS, puisque , *constitutionnellement parlant*, vous manquez de la somme d'indépendance indispensable pour exercer librement et noblement à la fois les fonctions qui vous sont départies. Et en effet, messieurs, qu'arriverait-il, et quel embarras serait le vôtre si *le* MINISTRE, par des motifs puisés dans son inflexible volonté, motifs dont, au surplus, il n'aurait point à s'expliquer avec vous ; si, *le* MINISTRE (soit celui dont vous dépendez aujourd'hui, soit un autre quelconque dont vous pouvez dépendre demain) vous enjoignait de placer dans vos cadres d'activité une quarantaine, plus ou moins d'intrus choisis parmi ses créatures (*tout ministre a les siennes*), et s'il ajoutait : » JE LE VEUX? » Fut-il question de placer *les blessés de juillet* 1830 , que feriez-vous, messieurs, pour demeurer fidèles au sentiment de vos devoirs? Que l'on improvise en quarante huit heures des préposés soit à la perception de l'impôt, soit à l'exercice des contributions indirectes, cela se conçoit parceque des notions d'arithmétique suffisent pour que l'on y soit apte, toutes choses égales d'ailleurs :

quelques mois de surnumérariat font le reste. Mais on ne peut pas improviser des forestiers ; des *Hartig* et des *Burgsdorff* ne se jetent pas en moule : le plus habile prestigiateur ne peut pas faire que l'ombre soit la réalité. Il est donc vrai que vous n'êtes point dans cet état d'indépendance de position et d'organisation qui *appartient au département de l'Intérieur exclusivement à celui des finances.* Vous sentez, messieurs, le besoin de cette noble indépendance, premier gage de votre dignité, car vous avez le cœur français. Loin donc de blâmer le dévouement avec lequel j'ai déchiré le voile épais qui couvrait une masse informe d'égoïsme, de mollesse et d'apathie, vous partagerez mon indignation. Avec moi, vous éclairerez la religion DU MONARQUE ; avec moi vous appellerez LA ROYALE PENSÉE sur une crise imminente, et pour obtenir une *organisation forestale* plus sympathique avec les récentes institutions qui régissent notre belle France, vos voix imposantes se réuniront à la voix d'un vieux forestier que le sentiment d'un grand devoir anime encore dans le neuvième mois de sa soixante-onzième année.

Vous venez de lire, messieurs, le mot à mot dont j'ai reçu de vous la significative injonction. A ce sujet, je dois rappeler à votre souvenir que, par sa lettre du 9 de ce mois à laquelle j'ai l'honneur de répondre, M. *Lorentz* m'adresse le reproche expli-

cite et formel *de ne pas avoir bien traité votre administration !* Ne confondons pas, messieurs. *J'ai
censuré l'organisation du service;* j'ai fait ressortir
l'insuffisance du savoir et de l'aptitude , je devais le
faire ; mais jamais je n'ai entendu manquer à ce que
l'administration, proprement dite , mérite d'égards
et de respect : l'insuffisance n'est point une faute à
mes yeux. Quoiqu'il en soit de la méprise, le gant
m'a été jeté : je vous devais, je devais à moi-même,
je devais AUX FORÊTS, surtout, de le ramasser. Afin
donc de réfuter victorieusement une imputation
erronnée ; afin d'être conséquent et *positif* dans la
justification que vous m'avez imposée, j'ai dû re-
monter à la source ; j'ai dû ne pas séparer les effets
de leur cause ; j'ai dû bien établir le *suum cuique* ;
j'ai dû articuler, par conséquent, le *veriloquium* de
mes relations forestières avec M. *Chauvet.* Vous
sentirez que c'était chose indispensable ; qu'il fallait
ou suivre cette marche , ou reculer devant les incita-
tions de M. *Lorentz,* votre interprète et votre or-
gane délégué, ce que je ne pouvais faire sans
inconvenance. Mais, au demeurant , messieurs,
voyons donc à quoi tout cela se réduit, et *rendons
à chacun selon ses œuvres.* De la substance des faits,
que résulte-t-il ? Rien qui soit au désavantage de
M. *Chauvet* ; c'est un point sur lequel j'insiste beaucoup. En effet, le scandale était public, il était
notoire, il était anti-national ! Fallait-il le favoriser

en se taisant? — Ce que savait M. *Chauvet*, les neuf dixièmes de vos agens de tout grade, disséminés sur tous les points du royaume le savaient comme lui : comme lui, comme vous-mêmes, messieurs, chacun s'en indignait ; chacun disait, SI LE ROI LE SAVAIT !!! — En ce qui me touche, je n'ai fait que mettre en œuvre des matériaux historiques dont tout écrivain pouvait s'emparer comme moi, soit à Paris, soit partout ailleurs. Ne voyez-vous pas, au reste, messieurs, que ce qui arrive, en cela, n'est que l'effet consécutif, et *très-logique* de LA FORCE DES CHOSES? Dans cette occurrence, M. *Chauvet* n'a fait qu'un acte de probité sociale : lui en faire un crime, *ce serait tuer l'énergie de la conscience.* Hommes d'honneur comme lui, comme lui vous flétrissez de votre censure philosophique des abus que j'ai d'autant moins prétendu vous imputer qu'ils ne vous sont imputables en aucune manière ; des abus que votre position contrainte vous rend impuissants à réprimer, et *qui ne s'impatroniseraient pas dans le département de l'Intérieur comme dans celui des Finances dont l'organisation*, sous ce point de vue, *est éminemment élastique.* Je le répète, messieurs, M. *Chauvet* est complettement irréprochable. Vous ne pouvez voir en lui qu'un zélé collaborateur plus que jamais digne de votre confiance et de votre amitié. Ses connaissances en géométrie ; la fructueuse étude qu'il a faite des savants ouvrages publiés sur la *foresterie allemande* dont la langue lui est familière en ont fait un érudit sectateur d'*Artig*. Sa moralité, comme homme ; son aptitude et ses talents, comme conservateur, ne peuvent qu'honorer une administration qui doit beaucoup de sa consistance à votre habileté de direction ; vous ne condamnerez donc pas, en lui, des sentimens de désapprobation qui sont aussi les vôtres. Comme *Horace* vous direz :

— Ubi plura nitent in carmine, non ego paucis
Offendar maculis.

Tel est, messieurs, l'*ensemble de choses* que j'ai dû vous exposer, en réponse à la lettre de votre honorable collégue M. *Lorentz*. La pensée est la vie de l'âme. Or, ma pensée sur notre situation forestière n'aura jamais rien de mystérieux, parce qu'à mon sens, *la publicité est l'antidote de tous les abus*. Ainsi que le souverain créateur a posé le travail pour sentinelle d'une bonne vie, de même la publicité peut garantir l'accomplissement des devoirs de chacun, dans toutes les branches du service public.

Je me résume, messieurs,

Une plus savante et plus compacte organisation forestale ; un enseignement plus large ; des garanties de perfectionnement et de stabilité en faveur de l'école de Nancy ; accueil au talent, à quelle qu'école, à quelle que source qu'il ait été puisé; l'émulation encouragée; la publicité des concours; une justice distributive toujours impartiale dans l'avancement; l'avancement fondé sur la combinaison du savoir avec *l'ancienneté de service; les forêts distraites du département des finances pour être transmises à celui de l'intérieur,* voilà ce qu'indique une longue expérience, voilà ce que recommande la science des faits et d'*observation;* voilà l'objet de tous mes vœux, voilà le point de repaire sur lequel j'ose appeler votre généreuse sollicitude. C'est pour appeler aussi celle DU POUVOIR sur de si pressants intérêts que j'ai placé mon ouvrage sous la protection de tout ce qu'il y a, en France, de *corps savants,* et d'*hommes de désir.* A ce titre, j'ose le placer spécialement sous la votre, messieurs, si vous le permettez, et si, prenant en considération le but philantropique de mes efforts, vous daignez leur prêter votre appui. Je puis me tromper, peut-être, sur les moyens de mieux et plus promptement atteindre le but, mais je crois pouvoir vous garantir la franchise et la pureté de mes intentions.

Je suis avec un respect plein d'estime,
de considération et de déférence,

Signé, PLINGUET.

P. S. M. le directeur de l'*école de Nancy*, en m'accusant reception de l'exemplaire dont j'ai fait hommage à cette école, veut bien me dire avec une indulgence pleine de bonté : » *Je me fais un grand plaisir de lire cet ouvrage qui traite de matières d'un interêt si majeur, et qui doit valoir à son auteur la reconnaissance publique.* »

L'administration des foréts de Sa Majesté *a jugé le* Manuel de l'Ingénieur-forestier *digne d'être utilement consulté.* (Ce sont les termes bienveillants de la lettre par laquelle monsieur le chef de la division des dépenses de la maison du roi me mande de lui en fournir trente exemplaires).

Vous déciderez, messieurs, si cet ouvrage peut aussi être offert à la méditation de messieurs les préposés à votre service actif.

NOTICE SUBSIDIAIRE.

En faveur de la cause que nous plaidons, cause éminemment nationale et *toute française*, nous prions le lecteur de vouloir bien accueillir avec indulgence des éclaircissemens qui se rattachent à l'objet de ce manuel.

Il est bon que l'on sache qu'en matière forestale, le feu *prince Louis-Philippe-Joseph*, père *de Sa Majesté* Louis-Philippe, a pris l'initiative des idées nouvelles, en attachant à la régie de ses vastes domaines *un corps d'ingénieurs*, et que, même antérieurement à la création de ce corps, il a daigné encourager nos premiers succès par un brevet nominal dont voici le texte :

» *Louis-Philippe-Joseph* d'Orléans *premier prince du sang*, *duc d'Orléans*, de *Valois*, de *Chartres*, de *Nemours*, de *Montpensier*, et d'*Étampes*, *comte de Vermandois* et de *Soissons*, à tous ceux qui ces présentes lettres verront salut, savoir faisons que : nous étant fait rendre compte des opérations qui ont été faites dans la *forêt de Montargis*, et de celles qui se font dans *celle d'Orléans*, pour parvenir à une nouvelle division de coupes, nous aurions reconnu que le sieur *Plinguet*, capitaine forestier du Buisson-de-Briou, qui a été chargé de faire les plans et mesures desdites forêts, et de donner des projets d'aménagement, s'en est acquitté avec autant de zèle que d'intelligence et d'activité ; et désirant nous attacher ledit sieur *Plinguet* d'une manière plus particulière, et lui donner, en même temps, un témoignage de la satisfaction que nous avons de ses services qui nous ont été certifiés par le *sieur Boucault*, grand-maître des eaux et forêts d'Orléans, chargé de la réformation desdites forêts ; Nous, *par ces causes* et autres à ce mouvant, avons, par ces présentes *signées de notre main*, nommé, commis et établi, commettons et établissons ledit sieur *Plinguet, notre ingénieur*, pour être employé en ladite qualité dans toute l'étendue de la forêt d'Orléans. Pour, par ledit sieur *Plinguet* avoir, tenir, et dorénavant exercer la présente commission, en jouir et user aux honnenrs, autorité et prérogatives y appartenant, et aux gages et droits qui lui seront attribués par nos états. Si donnons en mandement au grand-maître des eaux et forêts d'Orléans, et à tous autres officiers qu'il appartiendra de reconnaître ledit sieur *Plinguet* en ladite qualité de notre ingénieur, et de le faire obéir et entendre ez choses concernant la présente commission. Mandons, en outre, à notre amé et féal sécretaire-intendant de nos finances le sieur *Monnot*, que, par le receveur-général de nos domaines et bois, au département d'Orléans, il fasse payer et délivrer comptant audit sieur *Plinguet*, par chacun an, aux termes et en la manière accoutumée, les gages et droits à ladite commission appartenant ; car telle est notre intention. En témoin de quoi nous avons fait mettre notre scel auxdites présentes.

» Donné *au château du Raincy*, le douzième jour du mois de janvier mil sept cent quatrevingt-huit, *signé* L.-P.-J. d'Orléans, et plus bas, par monseigneur, *signé* Shée. »

LES INTENDANTS DES FINANCES *de ce prince*, ainsi que *le grand-maître réformateur* des forêts de son apanage avaient préludé, de leur suffrage personnel, à la concession du brevet qu'on vient de lire. En effet, monsieur *Pitoin* nous avait écrit la lettre déjà mentionnée, page xxj de cet ouvrage. Plutard, MM. *Tassin de Villepion*, intendant des finances, et *Boucault*, grand-maître réformateur, nous écrivirent ce qui suit :

» Toutes vos remarques me confirment dans l'idée où j'étais qu'il y aurait beaucoup de fruit à retirer de vos opérations, parce qu'étant à portée de voir les choses en détail, vous acquierreriez des connaissances *qui ont sûrement manqué à tous ceux qui ont travaillé aux réformations.* Je pense bien que vous mettrez par écrit toutes vos observations. Par les recherches que vous comptez faire au greffe, et aux archives, vous connaîtrez les différents réglements, peut-être même les observations qui les ont précédés, ainsi que les changemens intervenus depuis. Je vous invite à vous occuper de cela cet hyver, et à faire un mémoire particulier sur chacune des *gardes*, avec des numéros de renvoi à chacun de vos plans. En continuant votre travail, il pourra vous venir de nouvelles idées. Il faudra qu'avant tout le conseil prenne un parti, sauf à entendre, ensuite, MM. les officiers de la maîtrise.

Signé, TASSIN DE VILLEPION. »

Nota. M. Tassin de Villepion était intendant des finances, sous le prince Louis-Philippe-Joseph.

A l'appui de la lettre qui précède, voir celle de M. *Pitoin*, rapportée page xxj.

Paris, 23 juin 1786.

» Je reçois dans le moment votre lettre, *mon cher Plinguet.* Je suis fort aise de tout le travail que vous faites, car je désire bien que la réformation de la forêt d'Orléans marche d'une manière peu ordinaire. Comme nous avons de l'étoffe, il faut ne pas manquer notre coup ; il faut sortir de ce grand travail avec tout l'honneur possible. *Vous êtes mon bras droit, aussi je suis tranquille.* Parlons maintenant d'une petite affaire, et dites-moi franchement ce que vous pensez.

» Il me paraît décidé que je vais être nommé pour faire la réformation du département de *Caen.* Sur cela voici ma proposition jetée au hazard, car il est possible que je ne sois maître de rien. M. *Chaillou* vient d'être chargé de faire l'arpentage de toutes les forêts du roi ; il va aller en Bretagne. Comme je préfère de beaucoup votre manière de travailler à la sienne, je vous demanderai *pour être mon homme,* si cela peut vous convenir. Il y a à opérer sur vingt mille arpents environ. Les prix accordés à *Chaillou* sont avantageux ; d'ailleurs cela vous fera connaître chez le Roi. Ainsi, *mon cher Plinguet,* dites-moi franchement si vous pouvez allier ce nouveau travail avec celui de la forêt d'Orléans.

» Adieu, *Mon cher Plinguet :* vous savez combien je vous suis attaché.

Signé, Boucault. »

Nota. M. Boucault était grand-maître réformateur, au département de l'Orléanais.

(249)

Plutard, des administrations de département, de
district, et autres ; la commission d'agriculture et des
arts ; celle des revenus nationaux ; le chef de la division
des ponts et chaussées, navigation, canaux et ports
maritimes, au département de l'intérieur ; le bureau des
martelages et exploitation des bois, près le département
de la marine ; des notabilités sociales essentiellement
compétentes, telles que MM. *de Perthuis, Tessier,
Parmentier, Silvestre, Bosc, de Violaine*, et autres, ont
successivement daigné s'expliquer sur la nature et sur
l'importance de nos travaux, ainsi que le témoigne
le texte des lettres ci-après rapportées :

Baujenci, ce 23 décembre 1787.

« J'ai l'honneur de renvoyer à M. *Plinguet*, 1.° le
relevé des adjudications forestières du *Chaumontois*,
2.° et le mémoire sur la *forêt de Bruadan*, dont je lui
devais l'intéressante communication ; et voici ce que j'y
ai trouvé :

» Des faits et des raisons.

» La démonstration des abus précédens de cette administration, ainsi que de l'insuffisance, et même de la
contrariété des prétendus remèdes.

» Des vues profondes, prises dans la nature, dans
l'expérience et dans un but *trop ignoré jusqu'ici ;* dont
il résulte une grande simplicité de moyens, présentés
sans faste, avec l'évidence de la possibilité et de la facilité de l'exécution. Enfin, des *mémoires d'or ;* au moral

par le raisonnement et par la facture ; *au physique, par le profit immense que les domaines du prince en retireront.*

» J'ajoute à mes très-sincères remercimens , la prière à **M.** *Plinguet* de me procurer, le plus souvent qu'il le pourra, une lecture aussi instructive et aussi attachante.

Signé, Luker. »

Orléans 2 juillet 1790.

» L'assemblée du département a reçu les deux exemplaires que vous lui avez adressés de votre ouvrage sur *la réformation* et les *aménagemens des foréts.*

» Elle me charge , monsieur, de vous faire ses remercimens du zèle que vous mettez à lui offrir vos observations. Elle les recevra toujours avec reconnaissance , et je vous invite en son nom à ne pas perdre de vue l'objet important dont vous vous êtes jusqu'ici occupé si utilement.

» J'ai l'honneur d'être bien sincèrement, monsieur, votre très-humble et très-obéissant serviteur,

Fera , *président de l'assemblée de département du Loiret.* »

Orléans , 7 *juillet* 1790.

» Nous avons lu avec le plus grand intérêt les deux exemplaires de l'ouvrage que vous nous avez fait passer

relativement à *l'aménagement des forêts.* Nous ne doutons point que les moyens que vous présentez pour
améliorer cette partie des domaines nationaux ne soient
adoptés lorsqu'il s'agira de faire des réglemens concernant
cet objet de première nécessité.

» Nous recevrons toujours avec reconnaissance le
fruit de vos observations, assurés qu'elles n'ont pour
but que l'intérêt public.

» Nous sommes avec considération, monsieur,

» Vos très-humbles et très-obéissants serviteurs les
maires, officiers municipaux de la ville d'Orléans ; *suivent les signatures.* »

Montargis, *le* 23 *juillet* 1790.

» Nous vous remercions du *présent* que vous nous
avez fait, par la voie de M. *Ballot*, d'un exemplaire de
votre ouvrage sur l'aménagement des *forets de Montargis
et d'Orléans.* Nous vous en savons d'autant plus de gré
que nous sommes intimement convaincus que nous ne
pouvons puiser dans une meilleure source les connaissances relatives à l'exploitation et au régime qui convient
à ces sortes de fonds. C'est un hommage de patriotisme
que vous avez fait à notre district, qui honore l'auteur,
et qui sera utile à nos concitoyens.

» Nous avons l'honneur d'être, monsieur, vos très-
humbles et très-obéissants serviteurs,

» Les administrateurs composant le directoire du
district de Montargis ; *suivent les signatures.* »

Neuville-aux-Loges, ce 17 août 1790.

» Nous avons reçu, monsieur, avec la plus grande satisfaction le *présent* grâcieux que vous avez bien voulu nous faire, de votre savante et utile production pour *l'amélioration des forêts*, et nous ne doutons pas que l'assemblée nationale ne l'adopte et ne s'empresse de *faire jouir la nation des grands avantages qui résulteront des changemens que vous proposez.*

» Nous vous prions d'en agréer nos sincères remercimens, et d'être persuadé de notre gratitude et de la considération avec laquelle nous sommes, monsieur,

» Vos très-humbles et obéissants serviteurs,

» Les membres composant le directoire du district de Neuville ; *suivent les signatures.* »

Pithiviers, 19 août 1790.

Monsieur,

» Les membres du directoire du district de la ville de Pithiviers ont reçu, avec satisfaction, l'exemplaire de votre Traité, sur *l'aménagement des forêts* que vous leur avez fait passer. Ils me chargent, monsieur, de vous en témoigner leur reconnaissance, et de vous assurer qu'ils *regarderont comme un avantage d'adopter vos idées,* pour la partie des bois qui sont situés dans leur district, pendant le cours de leurs travaux ; ils en ont ordonné le dépôt, dans leurs archives, comme un bienfait qui caractérise le mérite de l'auteur ; je suis flatté que cette occasion me procure l'honneur de me dire très-parfaitement, monsieur,

» Votre très-humble et très-obéissant serviteur,

PERRET, *président.* »

A St.-Mesmin, ce 23 août 1790.

» J'ai reçu, mon cher capitaine, la belle épreuve du livre savant dont vous m'avez fait le cadeau. Quelque rouillé que je sois dans les calculs, la teinture qui m'en reste suffit pour apprécier le travail qu'a dû vous couter un pareil ouvrage ; tout ce que je vous souhaite *c'est qu'on en puisse connaître le prix.* Du reste, sans entrer dans des calculs qui sont au-dessus de la portée de bien des gens, il suffit de suivre vos raisonnemens sur l'administration des forêts pour en reconnaître l'utilité. Aussi j'imagine que quelque soit le nouveau régime de cette partie, ceux qui en seront chargés ne pourront mieux faire que d'avoir recours à vos lumières sur cet objet. Moi, en mon particulier, qui connais une partie des peines qu'il vous a couté, *je désire bien sincèrement que vous en soyez payé.*

» Agréez, je vous prie mes remercimens et les sentimens d'amitié et de reconnaissance avec lesquels j'ai l'honneur d'être, votre très-humble serviteur,

HANAPPIER-DESORMES, »

19

Gien , 25 août 1790.

» Les administrateurs du directoire ont reçu, monsieur, l'exemplaire de l'ouvrage sur les forêts que vous avez adressé au district de Gien : ils ont tous applaudi à la sagesse de vos vues ; le motif qui vous les a dictées est celui qui anime aujourd'hui tous les bons citoyens qui s'empressent de concourir au bien public, et à la réforme des anciens abus. Tous les administrateurs du directoire désirent que votre projet soit favorablement accueilli par l'assemblée nationale, dont il lui paraît mériter l'attention, et ils le communiqueront avec plaisir à la prochaine assemblée du district. Ils vous offrent, en attendant, l'assurance de leur sensibilité à la marque d'honnêteté que vous leur avez donnée, et ils vous prient d'être persuadé des sentimens et de la considération parfaite avec lesquels ils ont l'honneur d'être,

» Vos très-humbles et très-obéissants serviteurs ; *suivent les signatures.* »

Paris, le 25 mai, l'an 4.e. — 1796.

» MONSIEUR ,

» J'ai l'honneur de vous transmettre les témoignages sincères de ma respectueuse sensibilité pour les marques flatteuses d'approbation que vous voulez bien donner à mon rapport. Étranger à tout esprit de parti ; sans autre ambition que celle de voir la France heureuse et libre sous la constitution qu'elle s'est donnée, je regarde comme le prix le plus flatteur de mon travail les marques d'estime que vous voulez bien me donner dans cette occasion, et je place tout mon bonheur dans l'estime et la félicité de mes concitoyens.

Français, député à l'assemb. nation. »

P. S. J'ai lu avec plaisir l'intéressant ouvrage, suite d'une longue expérience, et d'une méditation profonde, que vous avez bien voulu m'envoyer, et j'y puiserai les nouveaux moyens, qui me sont nécessaires pour défendre les forêts.

Paris, le 29 brumaire de l'an 3 de la République française.

LA COMMISSION DES REVENUS NATIONAUX, NEUVIÈME DIVISION:

« Au citoyen Plinguet,

» Nous avons reçu, citoyen, les différentes lettres, observations, plans, et exemplaires d'un ouvrage sur la forêt d'Orléans que tu nous as adressés et nous n'avons pu qu'applaudir à l'intérêt que tu prends à la bonne manutention de cette importante propriété, et aux travaux dont tu en as fait l'objet.

» La question de savoir s'il leur sera donné suite ne pourra être examinée, sous tous ses rapports, que lorsque la convention aura décrété le nouveau régime forestier. Nous présumons que cet objet trouvera bientôt place dans les travaux qui occupent ses momens.

» Nous ferons faire la recherche de ton projet de visite générale de cette forêt, contenant à ce que tu annonces 120 feuilles, et de différens mémoires que tu ajoutes avoir adressé postérieurement à l'administration. Nous sommes persuadés qu'ils ne feront que confirmer l'opinion que nous avons de ton zèle et de tes lumières.

Signé, Chardon-Vanieville. »

Paris, le 19 *frimaire an 3ᵉ de la République française.*

LA COMMISSION D'AGRICULTURE ET DES ARTS,
(DIVISION VÉGÉTALE, N.º 11040).

» Au citoyen *Plinguet*, ingénieur,

» Tu as adressé au comité d'agriculture, citoyen, un mémoire *sur l'aménagement des forêts* et un ouvrage que tu as fait imprimer sur le même objet. Le comité nous en a fait le renvoi. Nous nous proposons de les examiner avec toute l'attention que mérite cette matière importante. L'idée favorable que nous en avons conçue nous fait désirer de connaître aussi le mémoire particulier que tu annonces avoir remis à la commission des revenus nationaux. Nous t'invitons à nous le faire passer. Tu pourrais y joindre tes vues sur les réformes dont ce travail nous paraît nécessairement susceptible, eu égard au laps de temps qui s'est écoulé depuis que ton

ouvrage a paru. Nous t'exhortons également à le continuer, comme tu l'as promis. *Les moyens de régénérer
cette partie ne sauraient être trop répandue.* Si tu avais
besoin de notre secours, nous nous empresserions de
t'aider.

» Le comité d'agriculture a chargé la commission de
lui présenter un travail sur les forêts. Nous cherchons à
nous entourer des lumières d'hommes instruits qui ,
comme toi, joignent à la théorie les connaissances pra-
tiques. *Nous t'invitons à correspondre avec nous sur cet
objet,* et à nous faire connaître ceux qui pourraient
nous être utiles en ce genre. *Il est temps enfin d'établir
les bases de la science forestière.* Ce vaste champ de la
prospérité publique a besoin , pour être mis en valeur,
des efforts de tous les bons citoyens. *Tout reste encore
à faire pour les forêts;* et plus elles ont été négligées
jusqu'ici, plus aussi *il est pressant de les faire entrer
dans le système général de régénération dont s'occupe le
gouvernement.*

Salut et fraternité, le commissaire ,
L'Héritier. »

Paris , ce 29 frimaire an 3.e de la République française.

LA COMMISSION DES REVENUS NATIONAUX,
NEUVIÈME DIVISION.

» Au citoyen *Plinguet* , à Orléans ,

» Il nous a été rendu compte, citoyen, de la lettre
que tu nous as adressée concernant la réserve de la forêt

de *Montargis*, et nous avons pensé, comme toi, qu'il serait utile qu'on pût y faire l'approvisionnement en bois de service, nécessaire aux réparations du canal. Nous avons transmis, en conséquence, à la commission des travaux publics, les observations que tu fais à ce sujet.

Signé, CHARDON-VANIEVILLE. »

MINISTÈRE DE L'INTÉRIEUR.

Paris, *le* 19 *avril* 1806.

LE CHEF DE LA DIVISION DES PONTS ET CHAUSSÉES, NAVIGATION, CANAUX ET PORTS MARITIMES.

» A M. *Plinguet*, à Orléans,

» J'ai reçu, monsieur, et je lirai avec beaucoup d'intérêt votre examen analytique des causes du dépérissement des bois. M'avoir adressé des vues que vous avez lieu de croire utiles à la France, et dont vous me dites que la première idée appartient à M. de *Trudaine*, c'est m'avoir fait un véritable cadeau dont je vous remercie. Je désire, de tout mon cœur, le succès des estimables efforts que vous faites pour servir votre Patrie.

» Je vous salue de tout mon cœur,

Signé, CADET DE CHAMBINE. »

Paris, 28 *avril* 1806.

» J'ai trouvé, monsieur, à mon retour de la campagne, le paquet que vous avez bien voulu m'adresser et qui contenait plusieurs exemplaires de votre examen analytique des causes du dépérissement des bois ; je vous prie d'en recevoir tous mes remercimens. Je l'ai lu avec d'autant plus d'intérêt que, dans un traité de l'aménagement et de la restauration des forêts que j'ai rédigé sur les manuscrits de feu mon père, et qui a été imprimé à Paris, il y a environ quatre ans, j'ai professé les mêmes maximes, mais sous un autre forme, parce qu'alors le gouvernement n'avait pas encore arrêté définitivement l'organisation de la nouvelle administration forestière. Je connais votre *Traité des aménagemens*, *et j'en ai même fait usage pour éclairer les hommes publics sur la destruction qu'un mauvais aménagement et le pâturage des bestiaux* occasionnent dans les forêts. Jusqu'à présent mes efforts, pour parvenir à arrêter le dépérissement des bois, *ont été inutiles* : MA VOIX N'A PU SE FAIRE ENTENDRE. Puissiez-vous être plus heureux que moi ; je le désire bien sincèrement, et je me trouverais très-satisfait, si, en répandant votre ouvrage, je pouvais y contribuer.

» J'ai l'honneur d'être avec considération, monsieur,

» Votre très-humble et obéissant serviteur,

DE PERTHUIS. »

LE CHEF DE LA TROISIÈME DIVISION DU MINISTÉRE DE LA MARINE ET DES COLONIES ; BUREAU DES MARTELAGES, ET EXPLOITATION DES BOIS.

» A M. *Plinguet*, à Orléans,

» Je suis chargé, monsieur, de vous prévenir que votre lettre du 31 mars est parvenue à son Excellence, et qu'elle a lu avec plaisir l'ouvrage sur l'administration des forêts que vous y avez joint.

» J'ai l'honneur de vous saluer,

Signé, ROSIÈRES. »

Paris, 3 mai 1806.

» J'ai lu, monsieur, un des exemplaires de l'ouvrage, que vous m'avez fait l'honneur de m'adresser. La société d'agriculture de la Seine recevra par moi le second, de votre part, puisque c'est votre intention. Je n'ai aucuns rapports avec l'Empereur, qui me mette à portée de le lui faire connaître. Les grands intérêts dont il est occupé, ne lui permettent pas de lire, même les choses, qu'il pourrait désirer lire. Ce ne serait que par hazard qu'il connaîtrait votre opinion. Il m'est impossible d'en concevoir l'idée. Je sais bien que nos forêts ont besoin d'aménagemens bien entendus et d'une police sévère. Il me semblait que l'administration forestière s'en était occupée utilement ; vous voyez le contraire et faites en sorte de le prouver. Je n'ai pas le temps d'entrer dans ce grand procès, qui a été commencé par *Trudaine* et *Buffon*. Vous êtes plus en état que moi de bien traiter et juger une telle affaire, puisque vous avez été élevé en quelque sorte, au milieu des forêts. Je fais des vœux pour que le bien se fasse et pour que nos neveux retrouvent les bois en meilleur état que nous ne les leur laissons. Ils en auront obligation à ceux, dont le zèle et l'activité servent, de nos jours, la chose publique.

» Je vous prie, monsieur, d'agréer l'assurance de ma considération,

Signé, TESSIER. »

Paris, ce 14 mai 1806.

» Je suis infiniment sensible, monsieur, à votre obligeante attention ; j'ai lu avec intérêt et instruction votre ouvrage sur les forêts ; il a été communiqué à une des séances de la société et renvoyé à l'administration qui s'occupe précisément de ce grand objet de prospérité publique.

» J'ai l'honneur d'être avec les sentimens de la plus haute considération, monsieur, votre très-humble et très-obéissant serviteur,

Signé, PARMENTIER. »

Paris, 2 *février* 1807.

FONTENAY, Trésorier de la 15.ᵉ Cohorte de la Légion d'honneur.

» A M. *Plinguet*, à Orléans,

» Monsieur,

» Différens voyages m'ont empêché de répondre plutôt à l'envoi que vous avez bien voulu me faire de votre ouvrage sur les forêts, et entre autres sur celles d'Orléans et Montargis. Les principes que vous y développez peuvent s'appliquer utilement à l'administration des bois en général, et dans la petite portion confiée à mes soins, je ne doute pas que je ne rencontre souvent l'occasion de faire cette application. Veuillez donc agréer tous mes remercimens, et l'assurance des sentimens reconnaissans, avec lesquels j'ai l'honneur d'être,

    Monsieur,

       » Votre très-humble serviteur,
       Henri Fontenay. »

Paris, ce 22 *avril* 1823.

SOCIÉTÉ ROYALE ET CENTRALE D'AGRICULTURE.

» Monsieur, j'ai reçu, avec la lettre que vous m'avez fait l'honneur de m'écrire, les exemplaires qui y étaient

joints de votre *Examen analytique des causes du dépérissement des bois*. Je les ai remis de votre part à la société royale et centrale d'agriculture, qui m'a chargé de
vous remercier de cette communication ; et je joins ici
avec plaisir l'expression de ma propre gratitude pour
l'exemplaire de cet ouvrage que j'ai conservé et que j'ai
lu avec beaucoup d'intérêt.

» Veuillez bien agréer, monsieur, l'assurance de ma
considération très-distinguée.

Le secrétaire perpétuel de la société,

Signé, SILVESTRE. »

Paris, ce 22 *janvier* 1827.

« MONSIEUR,

» Je suis aussi sensible que reconnaissant de l'envoi
que vous avez bien voulu me faire de votre examen
analytique des causes du dépérissement des bois. Je l'ai
relu avec plaisir et intérêt, et j'en ferai, je vous l'assure,
mon profit. Comme vous je gémis depuis long-temps sur
la vétusté de la majeure partie des forêts de la France,
et tel régime qu'on adopte pour les régénérer, si on ne
supprime pas les paturages usagers et qu'on ne replante
pas les vides à fur et mesure de l'exploitation des coupes, on aura de la peine à y parvenir. Sans doute, des
aménagemens mieux appropriés aux sols pourraient y
contribuer, mais ce n'est pas à Orléans où, comme vous

le dites, chaque année voit diminuer les ressources que ces forêts offraient jadis. Là tout le mal est dans l'abus du pâturage, et dans la médiocrité du sol, et il faudrait des moyens extraordinaires pour opérer leur reproduction. *Je sais, monsieur, que M. le chevalier de Broval a mis votre ouvrage sous les yeux de S. A. R. Je ne doute pas de l'intérêt que le prince y prendra, et je vous prie de croire que je n'échapperai pas moi-même l'occasion de lui en faire remarquer l'avantage.*

» Je vous prie, monsieur, de recevoir cette assurance et celle de ma très-parfaite considération,

Signé, DEVIOLAINE. »

Paris, 2 *février* 1827.

» La proposition que vous me faites, d'insérer la lettre que vous m'avez fait l'honneur de m'écrire hier, dans les annales d'agriculture, demande à être examinée, car il peut être plus utile, à votre louable but, de proposer un prix sur votre programme. Je puis me charger d'en faire la proposition à la société royale et centrale d'agriculture, lorsqu'elle s'occupera d'un choix.

» Je viens de lire votre examen analytique des causes du dépérissement des bois. Ma manière de voir à cet égard ne diffère de la votre que par un moindre respect pour l'ordonnance de 1669, en ce qui touche les baliveaux dont elle prescrit la réserve sans exception ni distinction. Il est prouvé pour moi qu'il n'en peut être réservé que sur les meilleurs fonds ; ils sont, à mon avis, *la ruine des forêts en mauvais sol*, et sur montagnes à pente rapide.

» Je pourrais beaucoup étendre ma lettre, mais l'ouvrage ordinaire me presse, et je suis forcé de finir en vous offrant l'assurance de ma haute estime, et de mon dévouement ,

Signé, Bosc. »

La réunion de ces lettres encourageantes exprime sans doute une bienveillance très-flatteuse pour nous, c'est-à-dire pour l'*homme*, mais ce n'est point assez : ici l'*homme n'est rien* ; *les forêts seules sont quelque chose*, elles sont tout à nos yeux. Or, une bienveillance purement personnelle, une bienveillance isolée *sera stérile et perdue pour nos forêts* tant qu'une masse de volontés persévérantes, et d'efforts concordants ne contribueront pas, surtout *avec ensemble*, et *très-incessamment*, à ébranler le vieil édifice de la foresterie dissonnante qu'il est urgent de reconstituer. *Vis unita fortior.* Il faut donc *à l'unisson de l'ensemble* dire au *pouvoir* que *tout ministre des finances*, quel qu'il soit, est, par la nature même de ses fonctions, antipathique à la vie comme à la perpétuité de nos bois. Il faut lui dire que, de *Perpignan* à *Antibes*, et sur le littoral français de la *Méditerrannée*, le bois se vend *au kilogramme*, comme partout ailleurs on vend le fer, le plomb, le beurre, le sel, etc. Il faut lui dire, *avec le porte-voix d'une imposante publicité* que, *dans le bas Languedoc*, les populations sont réduites à se

chauffer avec le sarment des vignobles, avec la *tonte*
des oliviers et des mûriers. Il faut lui dire que *Marseille*
et *Toulouse* tirent de la *Corse* leur bois de chauffage;
que les *Pyrennées* sont à découvert, et que *Toulouse* ne
s'approvisionne plus que dans les forêts voisines du
Rhône. Il faut lui dire que *Cette* et *Marseille* ne se procu-
rent de merrain que *dans le Nord*, et que c'est *en Sicile*
qu'elles vont chercher leurs cercles à tonneaux. Il faut
lui répéter qu'en 1788, la France tira de l'étranger
pour 24,572,000 francs de bois, de charbon, de cendres, de soude et de potasse : il faut lui rappeler aussi
qu'une poutre qui se vendait 80 francs en 1762 se vendait 300 francs en 1783, et 600 francs, en 1803 ! Or,
si dans un intervalle de 41 ans (de 1762 à 1803) un
cube donné de bois a *plus que septuplé de prix*, combien
donc, en suivant cette augmentation progressive,
payera-t-on le même cube, 28 ans plutard, C. A. D.
en 1831 ? Il faut, en somme, dire au pouvoir *qui a*
toujours les oreilles aux pieds, *et qui n'entend que par*
le prosternement, tout ce que ne saurait faire arriver jusqu'à lui notre voix, étouffée qu'elle sera par la préven-
tion, l'égoisme, et la vanité blessée.

En écrivant cet ouvrage, nous n'avons fait et dit que
ce que devait dire et faire un homme libre, indépen-
dant et fidèle ami de son pays, mais, du reste, chargé
d'années, sans consistance, et sans autre appui qu'une
conviction à la fois profonde et raisonnée. Ce que nous
commençons, *c'est aux grandes capacités intellectuelles*,
c'est aux sociétés agricoles, c'est aux corps savants du
royaume qu'il est réservé de le finir, et de le mettre à

chef. A eux seuls appartient de développer, *en faveur des forêts du pays*, cette éloquente et mâle énergie avec laquelle l'*abbé de Montgaillard* a écrit son histoire depuis la fin du règne de Louis XV. Eux seuls peuvent nationaliser et *scientifier* notre organisation forestière. Il est digne d'eux d'ajouter encore à leur illustration en faisant arriver la vérité jusqu'au *trône* où est assis un Roi librement élu par le peuple le plus aimable et le plus confiant de la terre.

Espérons que la noble France ne sera pas plus long-temps trahie dans le plus innocent, dans le plus légitime de ses besoins. Espérons que LOUIS-PHILIPPE, averti par les *hommes de lumière* dont nous invoquons le généreux concours, comprendra les besoins de l'*époque*, et qu'il complettera le grand-œuvre de régénéressence forestale dont le prince son père a posé les premiers fondemens.

Si, dans les graves questions d'économie forestière que soulève cet ouvrage, SA MAJESTÉ daigne intervenir de sa HAUTE ET ROYALE PRÉVOYANCE, une active et reconnaissante population pourra dire :

Sperandum teucro duce et auspice teucro.

FIN.

ERRATA.

Pages Lign.	Au lieu de	Lisez.
vij	23 antiphatie,	*antipathie.*
viij	1 expérience de Buffon,	*expériences de Buffon.*
xxvj	21 étaient fixés,	*étaient fixées.*
11	3 3,300,000,000 arpens,	3,300,000 *arpens.*
12	13 d'où l'on put déduire,	*d'où l'on ai pu déduire.*
22	19 de pente,	*de la pente.*
id.	28 exposé au midi,	*exposés au midi.*
30	27 la Solagne,	*la Sologne.*
36	16 les terres crêtacées,	*les terres crétacées.*
59	20 lu plupart,	*la plupart.*
61	1 en ce qui conceree,	*en ce qui concerne.*
62	22 equam,	*æquam.*
74	17 l'argent âgé de,	*l'arpent âgé de.*
82	19 mouvemouvement,	*mouvement.*
83	16 méthodique,	*méthodiques.*
111	5 à son maniment,	*à son maniement.*
119	28 d'une bien plus petite,	*d'une bien petite,*
125	15 de formation,	*de réformation.*
128	8 en 671,	*en 1671.*
129	10 il faut sureter,	*il faut fureter.*
138	26 se trouve,	*se trouva.*
141	27 en retira,	*en retirera.*
144	19 exploitées,	*exploités.*
146	6 les diveress,	*les diverses.*
id.	9 imposées,	*imposés.*
150	24 on sonde des espérences,	*on fonde des espérances,*

Pages	Lign.	Au lieu de	Lisez.
153	18	couvertie en vignes,	*converties en vignes.*
161	22	imposante culture,	*importante culture.*
169	17	futaies sur taillie,	*futaies sur taillis.*
170	5	des bons patriciens,	*des bons praticiens.*
207	10	que se sont les forêts,	*que ce sont les forêts,*
209	6	améliorations subtantielles	*améliorations substantielles.*
id.	15	les canditats,	*les candidats.*
211	10	ne se répète pas,	*ne se répétera pas.*
216	25	coram populò,	*coràm populo.*
217	3	tribus onéreux,	*tributs onéreux.*
219	18	organisation molasse,	*organisation mollasse.*
223	14	prix 5 francs	*prix 5 francs 50 centimes.*
229	27	de hien faire,	*de bien faire.*
242	2	d'Artig,	*d'Hartig.*
245	1	notice subsidiaire,	*notice sur la carrière forestale de l'auteur.*

FIN DE L'ERRATA.

TABLE GÉNÉRALE DES MATIÈRES

CONTENUES DANS CE VOLUME.

FIN DE LA TABLE.